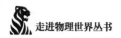
走进物理世界丛书

光的世界

本书编写组◎编

ZOUJIN WULI SHIJIE
CONGSHU
GUANG DE SHIJIE

这是一本以物理知识为题材的科普读物，内容新颖独特、描述精彩，以图文并茂的形式展现给读者，以激发他们学习物理的兴趣和愿望。

世界图书出版公司
WPC
广州·北京·上海·西安

图书在版编目（CIP）数据

光的世界／《光的世界》编写组编著. —广州：
广东世界图书出版公司，2009. 12（2024.2 重印）

ISBN 978－7－5100－1627－1

Ⅰ. ①光… Ⅱ. ①光… Ⅲ. ①光学－青少年读物
Ⅳ. ①O43－49

中国版本图书馆 CIP 数据核字（2009）第 237636 号

书　　名	光的世界	
	GUANG DE SHIJIE	
编　　者	《光的世界》编写组	
责任编辑	程　静	
装帧设计	三棵树设计工作组	
出版发行	世界图书出版有限公司　世界图书出版广东有限公司	
地　　址	广州市海珠区新港西路大江冲 25 号	
邮　　编	510300	
电　　话	020-84452179	
网　　址	http://www.gdst.com.cn	
邮　　箱	wpc_gdst@163.com	
经　　销	新华书店	
印　　刷	唐山富达印务有限公司	
开　　本	787mm×1092mm　1/16	
印　　张	10	
字　　数	120 千字	
版　　次	2009 年 12 月第 1 版　2024 年 2 月第 11 次印刷	
国际书号	ISBN　978-7-5100-1627-1	
定　　价	48.00 元	

前　言
PREFACE

　　光是自然界生命之本，是人类赖以生存的必要条件。光是人们视感知的必要条件，物质世界的一切事物所以能被人感知，全靠光的作用。生活工作中我们常常用光怪陆离、光彩夺目、暗淡无光等成语来形容或比喻光。可见光在人类生活、工作中的重要地位。根据科学定义，光是人类眼睛可以看见的一种电磁波，也称可见光谱。光是电磁波，光是以光子为基本粒子组成，具有粒子性与波动性，称为波粒二象性。光可以在真空、空气、水等透明的物质中传播。对于可见光的范围没有一个明确的界限，一般人的眼睛所能接收的光的波长在400—700毫米之间。人们看到的光来自于太阳或借助于产生光的设备，包括白炽灯泡、荧光灯管、激光器、萤火虫等。

　　人类肉眼所能看到的可见光只是整个电磁波谱的一部分。电磁波之可见光谱范围大约为 $390 \sim 760nm$。其他的光是人们借助某种工具发现的，它们同样是光这个大家族的一部分。

　　光是地球生命的来源之一。没有光就不会有光合作用的发生，就不会有生命；光是人类生活的依据；光是人类认识外部世界的工具；光是信息的理想载体或传播媒质。据统计，人类感官收到外部世界的总信息中，至少90%以上通过是眼睛得到的。可见光对人类的重要。

　　那么构成光的是那些物质呢？在光学的研究中有哪些大师巨匠为了探索光的奥秘而付出了辛勤与汗水？光是如何被人类广为应用的？这众多的问题都能在本书中得到解答。请《光的世界》吧。

目 录

Contents

光

光的概述 …………………………………………… 2

光压与光波 ………………………………………… 12

射线的光 …………………………………………… 16

黑色的光 …………………………………………… 19

度量光的工具 ……………………………………… 21

自然界的光

海上光环 …………………………………………… 33

瑰丽的极光 ………………………………………… 35

日食 ………………………………………………… 40

月食 ………………………………………………… 42

海市蜃楼 …………………………………………… 45

沙漠绿洲 …………………………………………… 46

蓝色的天空 ………………………………………… 48

诗意的彩虹 ………………………………………… 49

美丽的露珠 ………………………………………… 51

动植物的光 ………………………………………… 52

矿物的光 …………………………………………… 60

光的应用

电暖气的光学秘密 …………………………………………… 64

报警指示灯为什么是红色 ………………………………… 65

日光灯的原理 ………………………………………………… 66

太阳光的利用 ………………………………………………… 68

弯曲的光线 …………………………………………………… 74

显像管的秘密 ………………………………………………… 77

红外线的应用 ………………………………………………… 78

激光的应用 …………………………………………………… 82

光纤 …………………………………………………………… 91

望远镜 ………………………………………………………… 93

潜艇的眼睛——潜望镜 …………………………………… 97

光在医疗上的作用 ………………………………………… 102

光污染及预防

白昼光污染 …………………………………………………… 120

夜晚光污染 …………………………………………………… 122

其他光污染 …………………………………………………… 124

著名的光学科学家

色散的发现者——牛顿 …………………………………… 128

望远镜的首创者——伽利略 ……………………………… 130

天文望远镜的巨擘——赫歇尔 …………………………… 132

巨匠——爱因斯坦 ………………………………………… 134

光学实验物理学家——赵友钦 …………………………… 138

近代光学奠基者——开普勒 ……………………………… 139

其他光学家 …………………………………………………… 140

光
GUANG

　　光学，狭义的说是关于光和视见的科学，今天，常说的光学是广义的，是研究从微波、红外线、可见光、紫外线直到 X 射线的宽广波段范围内的，关于电磁辐射的发生、传播、接收和显示，以及跟物质相互作用的科学。光学是物理学的一个重要组成部分，也是与其他应用技术紧密相关的学科。

　　光学的起源在西方很早就有记载，欧几里得（公元前约 330 年~公元前 260 年）的《反射光学》研究了光的反射；阿拉伯学者阿勒·哈增（公元 965 年~1038 年）写过一部《光学全书》，讨论了许多光学现象。

　　光学真正形成一门科学，应该从建立反射定律和折射定律的时代算起，这两个定律奠定了几何光学的基础。望远镜和显微镜的应用促进了几何光学的发展。

　　物理光学也是光学研究的重要课题。微粒说把光看成是由微粒组成，认为这些微粒沿直线飞行，因此光具有直线传播的性质。19 世纪以前，微粒说比较盛行。但是，随着光学研究的深入，人们发现了许多不能用直进性解释的现象，例如干涉、衍射等，用光的波动性就很容易解释。于是光学的波动说又占了上风。两种学说的争论构成了光学发展史的主轴。

光的概述

光是什么

科学表明，光是地球生命的来源之一。光是人类生活的重要依据；光是人类认识外部世界的工具；光是信息的理想载体或传播媒质。那么，什么是光呢？

狭义上光是一种人类眼睛可以见到的电磁波，我们称之为可见光谱。在科学上的定义，光是指所有的电磁波谱。光是由一种称为光子的基本粒子组成。具有粒子性与波动性。

太阳从不间断地发出大量的可见光谱

有实验证明，光就是电磁辐射，这部分电磁波的波长范围约在红光的 0.77 微米到紫光的 0.39 微米之间。波长在 0.77 微米以上到 1000 微米左右的电磁波称为"红外线"。在 0.39 微米以下到 0.04 微米左右的称"紫外线"。红外线和紫外线不能引起视觉，但可以用光学仪器或摄影方法去量度和探测这种发光物体的存在。所以，在光学中光的概念也可以延伸到红外线和紫外线领域，甚至 X 射线均被认为是光，而可见光的光谱只是电磁光谱中的一部分。

科学实验表明，光具有波粒二象性，既可把光看做是一种频率很高的电磁波，也可把光看成是一个粒子，即光量子，简称光子。

光波，包括红外线，它们的波长比微波更短，频率更高，因此，从电通信中的微波通信向光通信方向发展，是一种自然的也是一种必然的趋势。

一般情况下，光由许多光子组成，在荧光（普通的太阳光、灯光、烛光等）中，光子与光子之间，毫无关联，即它们的波长不一样、相位不一样、偏振方向不一样、传播方向不一样，就像是一支无组织、无纪律的光子部队，各光子都是散兵游勇，不能做到行动一致。

当光反射时，反射角等于入射角，在同一平面，位于法线两边，且光路可逆行。对人类来说，光的最大规模的反射现象，发生在月球上。我们知道，月球本身是不发光的，它只是反射太阳的光。相传为记载夏、商、周三代史实的《书经》中就提起过这件事。可见那个时候，人们就已有了光的反射观念。战国时的著作《周髀》就明确指出："日兆月，月光乃生，成明月。"西汉时人们干脆说"月如镜体"，可见对光的反射现象有了深一层的认识。《墨经》里专门记载一个光的反射实验：以镜子把日光反射到人体上，可使人体的影子处于人体和太阳之间。这不但是演示了光的反射现象，而且很可能是以此解释月魄的成因。

我们知道，当光线从一种介质斜射入另一种介质中，会产生折射。如果射入的介质密度大于原本光线所在介质密度，则折射角小于入射角。反之，若小于，则折射角大于入射角。但入射角为0，则无论如何，折射角为

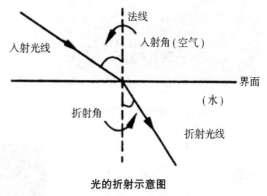

光的折射示意图

零，不产生折射。但光折射还在同种不均匀介质中产生，理论上可以从一个方向射入不产生折射，但因为分不清界线且一般分好几个层次又不是平面，故无论如何看都会产生折射。

比如说，鱼儿在清澈的水里面游动，可以看得很清楚。然而，沿着你看见鱼的方向去叉它，却叉不到。有经验的渔民都知道，只有瞄准鱼的下方才能把鱼叉到，鱼叉叉向的是鱼的实像。

从上面看水，玻璃等透明介质中的物体，会感到物体的位置比实际位置高一些，这是光的折射现象引起的。

由于光的折射，池水看起来比实际的浅。所以，当你站在岸边，看见清澈见底，深不过齐腰的水时，千万不要贸然下去，以免因为对水深估计不足，惊慌失措，发生危险。

把一块厚玻璃放在钢笔的前面，笔杆看起来好像"错位"了，这种现象也是光的折射引起的。光到底是什么？这是一个值得研究和必须研究的问题。当今物理学研究已经达到了一个瓶颈，即相对论与量子论的冲突，光的本质是基本微粒还是和声音一样的波，对未来研究具有指导性作用。

萤火虫，典型的冷光源

光的分类

光无时无刻不伴随我们左右，灯光、太阳光、星光以及动物本身发出的光，如萤火虫等。在开始进行光的分类之前，首先了解一下光源的含义。

自身能够发光的物体称为光源。而科学家们又将光源分冷光源和热光源。

那么什么是冷光源呢？冷光源是指发光不发热（或发很低温度的热）的光源。如萤火虫等。

反之，热光源就是指发光发热（必须是发高温度的热）的光源。如太阳等。

其实，在某些时候，光源也可以分为以下三种：

第一种是热效应产生的光，太阳光就是很好的例子。此外，蜡烛等物品也都一样。此类光随着温度的变化会改变颜色。

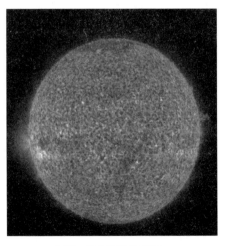

太阳，最典型的热光源

第二种是原子发光，荧光灯灯管内壁涂抹的荧光物质被电磁波能量激发而产生光，此外霓虹灯的原理也是一样。原子发光具有独自的基本色彩，所以，彩色拍摄时我们需要进行相应的补正。

第三种是原子炉发光，这种光携带有强大的能量，但是我们在日常生活中几乎没有接触到这种光的机会。

色　散

关于色散，早在中国古代便有了与之相关的认识，它起源于对自然色散现象——虹的认识。

虹，是太阳光沿着一定角度射入空气中的水滴所引起的比较复杂的由折射和反射造成的一种色散现象。中国早在殷代甲骨文里就有了关于虹的记载。战国时期《楚辞》中有把虹的颜色分为"五色"的记载。南宋程大昌（公元1123～1195年）在《演繁露》中记述了露滴分光的现象，并指出，日光通过一个液滴也能化为多种颜色，实际是色散，而这种颜色不是水珠本身所具有，而是日光的颜色造成的，这就明确指出了日光中包含有数种颜色，经过水珠的作用而显现出来，可以说，他已接触到色散的本质了。

我国从晋代开始，许多典籍都记载了晶体的色散现象。如记载过孔雀毛及某种昆虫表皮在阳光下不断变色的现象，太阳光照射云母片，经反射后可

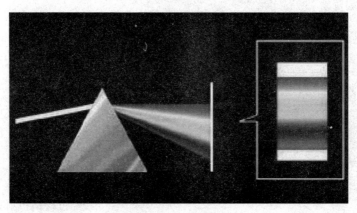

色散实验示意图

观察到各种颜色的光。李时珍也曾指出较大的六棱形水晶和较小的水晶珠，都能形成色散。到了明末，方以智在所著《物理小识》中综合前人研究的成果，对色散现象作了极精彩的概括。他把带棱的自然晶体和人工烧制的三棱晶体将白光分成五色，与向日喷水而成的五色人造虹、日光照射飞泉产生的五色现象，以及虹霓之彩、日月之晕、五色之云等自然现象联系起来，认为"皆同此理"，即都是白光的色散。所有这些都表明中国明代以前对色散现象的本质已有了一定的认识，但也反映中国古代物理学知识大都是零散、经验性的知识。

那么，究竟什么是色散呢？

复色光分解为单色光而形成光谱的现象叫做光的色散。色散可以利用棱镜或光栅等作为"色散系统"的仪器来实现。复色光进入棱镜后，由于它对各种频率的光具有不同折射率，各种色光的传播方向有不同程度的偏折，因而在离开棱镜时就各自分散，形成光谱。如一细束阳光可被棱镜分为红、橙、黄、绿、蓝、靛、紫七色光。这是由于复色光中的各种色光的折射率不相同。当它们通过棱镜时，传播方向有不同程度的偏折，因而在离开棱镜时便各自分散。

介质折射率随光波频率或真空中的波长而变，当复色光在介质界面上折射时，介质对不同波长的光有不同的折射率，各色光因折射角不同而彼此分离。1672 年，牛顿利用三棱镜将太阳光分解成彩色光带，这是人们首次做的色散实验。任何介质的色散均可分正常色散和反常色散两种。

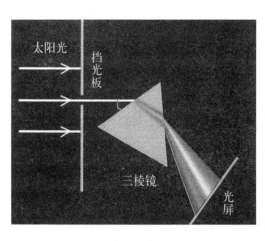

色散示意图

让一束白光射到玻璃棱镜上，光线经过棱镜折射以后就在另一侧面的白纸屏上形成一条彩色的光带，其颜色的排列是靠近棱镜顶角端是红色，靠近底边的一端是紫色，中间依次是橙黄绿蓝靛，这样的光带叫光谱。光谱中每一种色光不能再分解出其他色光，称它为单色光。由单色光混合而成的光叫复色光。自然界中的太阳光、白炽电灯和日光灯发出的光都是复色光。当光照到物体上时，一部分光被物体反射，一部分光被物体吸收。如果物体是透明的，还有一部分透过物体。不同物体，对不同颜色的反射、吸收和透过的情况不同，因此呈现不同的色彩。

光的传播

光在同种均匀介质中是沿直线传播的。光可以在真空、空气、水等透明的物质中传播。光沿着直线传播的前提不仅是在均匀介质，而且必须是同种介质。当光遇到另一介质时，光的方向会发生改变，改变后依然沿直线传播。

光在非均匀介质中，一般是按曲线传播的。光按前后左右上下各个方向传播，光的亮

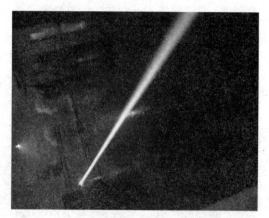

光沿直线传播示意图

度越亮，越不容易看出，当光亮度较暗时，由发光体到照明参照物的光会扩大，距离越远，扩散得越大，由最初的形状扩散到消失为止。

像我们生活中所发现的小孔成像、日食和月食的形成等都证明了光在均匀介质中沿直线传播这一事实。

光的速度

夏天打雷下雨时，有些人可能会很困惑，为什么在每次雷雨中，总是先看到闪电，后听到雷声呢？今天，我们就带着这个问题讨论一下光速。

所谓光速，就是光在单位时间内传播的速度。科学计算得出光在真空中的速度为 30 万千米/秒。通俗一点讲，就是光可以在一秒走 60 万里地，而我们知道声速只是 335 米/秒。这就是我们在打雷下雨时为何先看到闪电而后听到雷声的缘故了。

既然光速这么快，那么我们看距离我们 1.5 亿千米远的太阳需要多长时间呢？科学家得出的结论是约八分钟，即光从离我们 1.5 亿千米远的太阳上发射出来，到达地球大约需要八分钟。

其实，早在 17 世纪以前，天文学家和物理学家便认为光速是无限大的，宇宙恒星发出的光都是瞬时到达地球。1676 年丹麦天文学家罗默，利用天文观测，测量了光速。1849 年法国科学家斐索在实验室里，用巧妙的装置首次在地面上成功地测出了光速。1973 年美国标准局的埃文森采用激光方法利用频率和波测定光速为（299792485 + 1.2）米/秒。经 1975 年第十五届国际计量大会确认，上述光速作为国际推荐值使用。1983 年第十七届国际计量

雷电示意图

大会上通过米的新定义为"真空中光在 1/299792458 秒时间间隔内行程的长度。"

在人们测出光速之后，它便取代了保存在巴黎国际计量局的铂制米原器被选作定义"米"的标准，并且约定光速严格等于 299792458 米/秒，米被定义为 1/299792458 秒内光通过的路程，光速用"c"来表示。

超光速

超光速会成为一个讨论题目，源自于相对论中对于局域物体不可超过真空中光速 c 的推论限制，光速成为许多场合下速率的上限值。在此之前

罗默（1644～1710）丹麦天文学家

的牛顿力学并未对超光速的速度作出限制。而在相对论中，运动速度和物体的其他性质，如质量甚至它所在参考系的时间流逝等，密切相关。速度低于（真空中）光速的物体如果要加速达到光速，其质量会增长到无穷大，因而需要无穷大的能量，而且它所感受到的时间流逝甚至会停止（如果超过光速则会出现"时间倒流"），所以理论上来说达到或超过光速是不可能的（至于光子，那是因为它们永远处于光速，而不是从低于光速增加到光速）。但也因此使得物理学家（以及普通大众）对于一些"看似"超光速的物理现象特别感兴趣。

所谓"时光倒流"就是光的多普勒效应，并不是真的"时间"倒流，而是世界的感觉"倒流"。多普勒效应根本上是由于波的传播速度是绝对的，只与介质有关，与声源和接受物体运动状况无关。换句话说，波的传播应以介质作为参考系。突破光速屏障时会有"光障"现象。可与超音速飞行类比，并不是不可能。

光速不变的条件是：介质稳定。因为在任何稳定的介质中，任何波的速

超光速太空飞船

度都不变，与参照系无关。当声波的介质相对于测量者静止时，无论声源速度如何变化，声速不变（只改变音频），这是著名的多普勒实验，其他所有机械波都有类似现象。

钟慢、尺缩、超光速时间倒流现象，都可以用声音试验做出结果，这只能证明爱因斯坦的结论有问题，他忽略了测量速度的问题，把现象当成了物理本质。

经现在研究，表明已有超光速速度——某些恒星爆炸抛射碎片，其碎片运动速度已超过光速，但速度不固定，有快有慢。

不过，现在学术界仍称光速为最快速度。

光　年

通常情况下，由于地球上的距离有些短，用千米来讨论就足够了。例如，地球距月球38万千米，太阳距地球1.5亿千米等。然而倘若我们用千米做尺度来衡量宇宙间距离的话，似乎有点不合时宜。于是，当我们去测量我们与许多恒星之间的距离时，我们发现不得不用一个非常巨大的数字

距地球四光年之遥的最亮星——半人马座 α 星

来表达。正如科学家研究不同颜色的光的波长而发明一个特殊单位"埃"那样。所以科学家们发明了一个特殊的测量空间距离的单位，这就是光年。一

光年就是光行走一年的距离。这是个很可观的数字，因为光一秒钟就走300000千米。一光年大约为10万亿千米。距我们最近的亮星半人马座α星，也有4光年多。可见星系之间的距离有多远了。

光由太阳到达地球需时约8分钟（地球跟太阳的距离为8"光分"）。

已知距离太阳系最近的恒星为半人马座比邻星，它与太阳系的距离为4.22光年。

我们所处的星系——银河系的直径约为10万光年。假设有一近于光速的宇宙飞船从银河系的一端到另一端，它将需要多于10万年的时间。但这

宇宙的直径约有150亿光年

只是对于（相对于银河系）静止的观测者而言，飞船上的人员感受到的旅程实际只有数分钟。这是由于狭义相对论中的移动时钟的时间膨胀现象。

微粒与波的争议

17世纪，以牛顿为首的学者认为：光是由一颗颗像小弹丸一样的机械微粒所组成的粒子流，发光物体接连不断地向周围空间发射高速直线飞行的光粒子流，一旦这些光粒子进入人的眼睛，冲击视网膜，就引起了视觉，这就是光的微粒说。牛顿用微粒说轻而易举地解释了光的直进、反射和折射现象。由于微粒说通俗易懂，又能解释常见的一些光学现象，所以很快获得了人们的承认和支持。

19世纪，光的干涉、衍射、偏振等实验证明了光是一种波，麦克斯韦又提出了光是一种电磁波的理论，更完善了光的波动学说。

20世纪，人们对光到底是"粒子"还是"波"的问题进行了很长时间的探讨。最后统一了认识，光和所有其他微观粒子一样具有粒子性和波动性的

两重性，光是一种波长很短的电磁波。而后来爱因斯坦的光子学说很好地解释了光电效应现象，从而确立了光的微粒性的牢固地位。如今，人们认识到：光是由叫做光子的微粒组成的，同时具有波动的性质——波粒二象性。

经过长期的探索，人们对光的认识越来越深入了，而且从发现光的波粒二象性起，人们已开始主动地去探索微观世界的奥秘。

电磁波

电磁波，又称电磁辐射，是由同相振荡且互相垂直的电场与磁场在空间中以波的形式移动，其传播方向垂直于电场与磁场构成的平面，有效的传递能量和动量。电磁辐射可以按照频率分类，从低频率到高频率，包括无线电波、微波、红外线、可见光、紫外光、X 射线和伽马射线等。人眼可接收到的电磁辐射，波长大约在 380 纳米至 780 纳米之间，称为可见光。只要是本身温度大于绝对零度的物体，都可以发射电磁辐射，而世界上并不存在温度等于或低于绝对零度的物体。

光压与光波

光　压

我们知道书本放在桌子上，会对桌子产生压力；密集的雨点打在伞面上，雨水也会对伞面产生压力。然而你知道光照射到物体表面也会对物体的表面产生压力吗？

远在 1748 年，欧拉就已指出光压的存在。而在 1873 年，英国物理学家麦克斯韦也预言了光压的存在，并指出光照射到物体上，使物体受到的压力大小决定于光在单位长度上所具有的能量。只是在很多情况下，光的能量太小，我们不易察觉到光压的存在。

事实证明，要观察、证实光压的存在，一定要使用放大微小物理量的办法才行。1901 年，美国物理学家赫尔用实验证明了光压的存在。他在一个抽成真空的容器中（注：之所以将容器抽成真空，旨在排除气体分子对实验的干扰），用一根细长的石英丝，把一根轻杆从中间横向吊起，横杆的两端各有一个小圆盘。让一束光照射到小圆盘上，发现原来静止的小圆盘沿着入射光的入射方向转了一个很小的角度，从而证明了光压的存在。通过科学测算，太阳光照射到地球表面，能在每平方米的面积上产生 4.8×10^{-7} 千克的压力。

叶子在享受光的照射时，也承受光的压力

既然光压这么小，解释并测量光压有用吗？回答是肯定的。事实证明，光压在解释天体现象中有一定作用，你知道彗星那长长的彗尾是怎么形成的吗？就是当彗星从太阳旁边经过时，它的尘粒与气体分子受到太阳光压的作用形成的。当然，恒星能够保持体形稳定也与光压密切相关。

光　波

想要弄清楚光是怎样传播的和光究竟是什么，最好的办法是先从研究水里的波入手，因为水波我们早已熟悉。

如果你向湖里或水池中扔一块砖头或石子，会激起层层水波，而到达岸边的波的个数的多少，则取决于你所扔的石子的大小。在一段特定的时间内，比如 1 秒钟里的波的个数叫做波的频率。

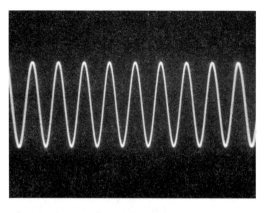

光波频率示意图

与之同理，我们来研究波的长度，波长就是一个波的低谷或顶峰到下一个波的低谷或顶峰的距离。波的低谷叫做波谷，波的顶峰叫做波峰。在通常情况下，波长越短，一定时间内波的个数越多，频率越高；反之，波长越长，一定时间内波的个数越少，频率越低。

那么光波究竟有多长呢？科学家有测量白光光谱中各色光的波长和频率的专门仪器。这种测量是非常精细的工作，因为光的波长非常非常短。作为一个衡量的标准，科学家创造了一个特殊的计量单位，他们把这种计量单位叫做埃，一埃等于一亿分之一厘米，换句话说，1 厘米里有 100000000 个埃。

通过研究光谱，科学家发现红光的波长显著地比紫光的波长要长。红光波长为 7600 埃或 76/100000000（一亿分之七十六）米，紫光波长大约只有红光的一半。光谱中其他颜色光的波长在这两者之间变化，按红、橙、黄、绿、蓝、靛、紫顺序越来越短。

根据我们从水波中得知的波长与频率的关系，我们就可以毫不迟疑地得出结论：波长长的光的频率比波长短的低，而红光的频率比其他所有颜色的光都要低。

物体可以反射一种以上的颜色吗

我们周围的色彩大多是由颜料或染料制成的。红领巾鲜艳通红，是因为用了一种特殊的、能反射阳光或家里的白炽灯中的红光染料。然而，这些颜料和染料不会产生如同在白光或阳光光谱中的纯粹的自然色。一面黄色的墙壁在白光下会反射一些绿色和黄色的光波。如果反射的光波中黄光占大多数，那么我们看这面墙就是黄色的。如果有许多绿色光波掺在黄光中，那我们看到的就是一面黄绿色的墙壁。

同样，如果你调过水彩或颜料，你会发现，当把同样多的黄色和蓝色调在一起时，就配成了绿色。太阳照到这样绿色的墙上会发生什么现象呢？蓝色颜料吸收黄光，而黄色颜料吸收蓝光，当然它们还都吸收别的颜色的光。但它们都不吸收绿光，所以绿光被反射，你就看到一面绿色的墙。

当一种颜色的光不被吸收时，该光就会被反射，绿光不易被颜料吸收，于是，我们看到了这面绿色的墙

偏振光波

按照科学家们的说法，光的特性之一就是以波的形式从一个地方传播到另一个地方。光与水波很相似，是从光源开始的一系列的波峰和波谷的扩展。我们可以用一根绳子来做试验。把绳子的一端系在门把手上，另一端握在手里，上下振动手腕就可以产生一系列波。这类上下运动的波，叫做竖直横波。现在，请你仍然拿着绳子，斜着抖动手腕，即向上抖动时往右偏，而向下抖动时往左偏。你就得到了既不同于竖直横波也不同于水平横波的另一种类型的波——斜面横波。

实际上，科学家谈论的波是多种类型的波的混合。有水平横波、竖直横波和许多斜面横波在传播。结果，它成为在各个方向平面内的波的合成。如果我们单独挑出这些波里的任何一种，或者只挑出在给定平面内振动的一种波，我们就得到偏振光波。怎样使一列波成为偏振波呢？

让我们再玩一会儿绳子，演示另一种效果，它会使你更容易理解光波的偏振。

把绳子系在门把手上，但现要使绳子通过一个竖直的夹缝，比如用两个

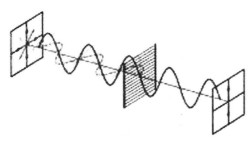

偏振片示意图

椅背夹起来或者拿一个纸箱切出一条缝来。如果你上下抖动手腕，产生的波可以通过椅背间的夹缝到达门把手。但是，如果你左右抖动你的腕子，又会出现什么情况呢？你将得到一个水平横波。但是波会在椅背的夹缝处停住。你刚好"偏振"掉了横波；使它只有竖直的波可以畅通无阻的在椅背前停住了。

与此相同，用特殊的材料或棱镜也可以对光波进行处理。这些材料里包含了数以百万计的针状的小晶体，只允许与它们在同样方向上振动的偏振光通过。这种物质叫做偏振片或偏振镜。

光 谱

光谱，是复色光经过色散系统（如棱镜、光栅）分光后，被色散开的单色光按波长（或频率）大小而依次排列的图案，全称为光学频谱。光谱中最大的一部分可见光谱是电磁波谱中人眼可见的一部分，在这个波长范围内的电磁辐射被称作可见光。光谱并没有包含人类大脑视觉所能区别的所有颜色，譬如褐色和粉红色。

射线的光

1895 年 11 月 8 日的晚上，德国慕尼黑伍尔茨堡大学的整个校园都沉浸在一片静悄悄的气氛当中，大家都回家度周末了。但是还有一个房间依然亮着灯光，灯光下，一位年过半百的学者凝视着一叠灰黑色的照相底片在发呆，仿佛陷入了深深的沉思。

他在思索什么呢？原来，这位学者以前做过一次放电实验。为了确保实验的精确性，他事先用锡纸和硬纸板把各种实验器材都包裹得严严实实，并且用一个没有安装铝窗的阴极管让阴极射线透出。可是现在，他却惊奇地发现，对着阴极射线发射的一块涂有氰亚铂

伦琴曾执教的学校

酸钡的屏幕发出了光，而放电管旁边这叠原本严密封闭的底片，现在也变成了灰黑色，事实说明它们已经曝光了！

这个一般人很快就会忽略的现象，却引起了这位学者的注意，使他产生了浓厚的兴趣。他想：底片的变化，恰恰说明放电管放出了一种穿透力极强的新射线，它甚至能够穿透装底片的袋子！一定要好好研究一下。不过——既然目前还不知道它是什么射线，于是取名"X射线"。

于是，这位学者开始了对这种神秘的X射线的研究。这位学者便是伦琴。

伦琴先把一个涂有磷光物质的屏幕放在放电管附近，结果发现屏幕马上发出了亮光。接着，他尝试着拿一些平时不透光的较轻物质，比如书本、橡皮板和木板，放到放电管和屏幕之间去挡那束看不见的神秘射线，可是谁也不能把它挡住，在屏幕上几乎看不到任何阴影，它甚至能够轻而易举地穿透15毫米厚的铝板！直到他把一块厚厚的金属板放在放电管与屏幕之间，屏幕上才出现了金属板的阴影——看来这种射线还是没有能力穿透太厚的物质。实验还发现，只有铅板和铂板才能使屏不发光。当阴极管被接通时，放在旁边的照相底片也将被感光，即使用厚厚的黑纸将底片包起来也无济于事。

接下来更为神奇的现象发生了。一天晚上伦琴很晚也没回家，他的妻子来实验室看他，于是他的妻子便成了在那不明辐射作用下在照相底片上留下痕迹的第一人。伦琴在拍摄他的第一张X射线片，要求他的妻子用手捂住照

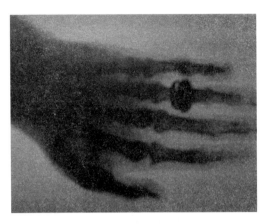

世界上第一张 X 线片——伦琴妻子手掌

相底片。当显影后，夫妻俩在底片上看见了手指骨头和结婚戒指的影像。

这一发现对于医学的价值可是十分重要的，它就像给了人们一副可以看穿肌肤的"眼镜"，能够使医生的"目光"穿透人的皮肉透视人的骨骼，清楚地观察到活体内的各种生理和病理现象。根据这一原理，后来人们发明了 X 光机，X 射线已经成为现代医学中一个不可缺少的武器。当人们不慎摔伤之后，为了检查是不是骨折了，不是总要先到医院去"照一个片子"吗？这就是在用 X 射线照相啊！

伦琴虽然发现了 X 射线，但当时的人们，包括他本人在内，都不知道这种射线究竟是什么东西。直到 20 世纪初，人们才知道 X 射线实质上是一种比光波更短的电磁波。人们为了纪念伦琴，将 X 射线命名为伦琴射线。

最早测量光速的人

最早测量光速的人是意大利科学家伽利略。他让两个人站在相隔一段距离的山头上，第一个人打开自己的灯，同时开动钟，等另一个山头的人看到灯光后立刻打开自己的灯，当这盏灯光传到第一个人处时，他立即停掉钟，用两倍山头之间的距离去除以所花的时间，这样就可算出光的传播速度了。这个办法好像挺有道理，只是光速太快了，快到我们来不及扳动开关，所以伽利略的光速测量失败了。

伽利略实验以后，过了 50 年，丹麦的天文学家罗默在 1676 年通过对木星历时十二个月的观测，测量了光速。他假定，光和声音一样，有固定的传播速度。已知木星的"月亮"（卫星）以一定的速度绕木星旋转，其中的一个转一周要用 42.5 小时，换句话说，每隔 42.5 小时，它将发生"月蚀"，也就是它被木星挡住了而看不见。他订出了全年的"月蚀"时间表。第一次观测是在 6 月份，当时木星距地球最近。随后他又在 12 月进行观测，这时木星距地球最远。12 月份木星"月蚀"所经历的时间比 6 月份延长了 1000 秒，也就是说 12 月份实测"月蚀"的时间比预定时间推迟了 1000 秒。罗默知道地球公转的轨道的直径是 300000000 千米。他解释这 1000 秒是光穿过地球与木星间增大的距离 300000000 千米所经历的时

伽利略（1564~1642），意大利著名物理学家、天文学家，近代实验科学的先驱者

间，或者说光每秒走 300000 千米。如果光能弯曲的话，以这种速度，光每秒可绕地球七圈半。

射 线

　　射线，由各种放射性核素发射出的、具有特定能量的粒子或光子束流。反应堆工程中常见的射线有 X 射线、γ 射线和中子射线。

黑色的光

　　世界上有黑的光吗？这个问题很奇怪，如果你去问任何一个物理老师，可以得到这样的回答："黑色仅是物体吸收所有光线后，人眼得不到光的信息

而产生的。"黑色是物体吸收所有的可见光所表现出来的颜色。所谓的"黑光",其实就是物体反射光弱。人的眼睛能看见的光波波长为 390nm ~ 760nm,从波长较长到波长较短,依次为红、橙、黄、绿、青、蓝、紫,如果我们看见的光都是单一波长的光,那么,它一定是以上颜色中的一种。

而如果我们同时看到了来自同一个点的两种以上不同波长的光（特别注意,要同一个点发出的两种以上的光才行）,我们的眼睛或神经系统就会感觉看到了另外的颜色。例如同时看到红色和绿色,我们就认为那是黄色;如果同时看到红色和蓝色,我们会感觉看到了紫色;如果同时看到绿色和和蓝色,则感觉看到青色;如果同时看到红色和黄色,则感觉看到橙色;如果我们同时看到红、绿、蓝三种颜色,则我们的感觉就是白色;如果同时看到前面所说的七种颜色,也会感觉看到白色;如果七种颜色都有,但是红色、橙色、黄色部分的亮度更亮一些,则我们看到的是暖白色,而如果青色、蓝色、紫色部分亮一些,则看到的是冷白色。如果我们什么光都没看到,则我们感觉那是黑色。

但是真正什么光也没有的场合,除了漆黑的夜晚或黑屋子里以外都是很少的。那么,我们还会在什么场合下看到黑色呢?当我们看到一个物体,从它发出的光（包括它自己发出的或反射的）很微弱,比周围物体发出的都微弱,我们就会觉得这个东西比较黑。那么为什么还会有东西又黑又亮呢?这涉及物体的微观结构。当一个物体本身是黑色（反光能力比较弱）,但是它的表面很光滑,光线在上面会发生镜面反射的时候,我们就会感觉它很亮,因为虽然它反光很弱,但是它的反光集中到一个方向,当我们正好在那个方向看它时,就会觉得它很白很亮。但是这只是它的一个小块区域的光反射到我们眼睛,而反射光没有进入我们眼睛的区域,它又是黑的。于是,我们对这个物体的总体感觉是又黑又亮。如果一个物体由很多细微颗粒组成,其中一些是白色,另外一些是黑色,那么,我们看见这个物体就是灰色。如果其中一些是红色,另外一些是黑色,那么,我们就会看到这个物体是酱红色。

总之,颜色是宏观物质所固有的属性,所有的宏观物质都有这种属性,如果物质反射或投射的光正好是可见光,我们可能会发现它是白色或彩色,但是如果它什么光都不反射，或者只反射可见光波段以外的波长，则这个物体在我们看来就是黑色的。

光的反射

光的反射，一种光学现象，指光在传播到不同物质时，在分界面上改变传播方向又返回原来物质中的现象。

在反射现象中，反射光线、入射光线和法线都在同一个平面内（反射光线在入射光线合法想做决定的平面内）；反射光线、入射光线分居法线两侧；反射角等于入射角。这就是光的反射定律。

在反射现象中，光路是可逆的。反射光线的反向延长线经过像点。

度量光的工具

冰洲石

冰洲石，即无色透明纯净的方解石晶体。它在透明矿物中具有最高的双折射率和最大的偏光性能，是人工不可制造也不能代替的天然晶体。实践证明，冰洲石是良好的光学材料、光电子材料，可用于制作激光开关、大屏幕显示器、天文观测太阳黑子的电子望远镜、宝石二色镜、激光测距仪等光学元件。这些光学元件材料的质量要求是无色、全透明，干涉测试无包裹体、无裂僚、无双晶、无节瘤，紫外光

冰洲石示意图

照射无荧光现象，而优良的冰洲石完全可以具备。

优质冰洲石晶体产于玄武岩和沸石的方解石脉中，其形成与热液作用有关。统计证明，世界上出产良好方解石晶体的地点有：美国的 LakeSuperior 铜矿区；德国的 Saxony、Harz 山脉的 Ardreasberg；英国的 Cumberland、Derbyshire、Durham、Cornwall 和 Lancaster；冰岛；墨西哥的 Guanajuato 等。中国的冰洲石晶体质和量都超过世界诸国。

用来测定宝石偏光性质的偏光仪

冰洲石的用途很广，但它主要用于国防工业和制造高精度光学仪器，如大屏幕显示设备，电子计算机的折光，偏光器、偏光显微镜中的尼科乐棱镜，偏光仪，光度计，旋光测糖计，干涉激光解像仪，化学分析用的比色计等。此外，还可用于制造射程仪及测远仪的配件。冰洲石越来越受到现代工业的青睐，成为现代国防、航空航天和科研事业不可缺少的非金属矿产材料。

圭 表

圭表是我国古代度量日影长度的一种天文仪器，由"圭"和"表"两个部件组成。直立于平地上测日影的标杆和石柱，叫做表；正南正北方向平放的测定表影长度的刻板，叫做圭。

很早以前，人们发现房屋、树木等物在太阳光照射下会投出影子，这些影子的变化有一定的规律。于是便在平地上直立一根竿子或石柱来观察影子的变化，这根立竿或立柱就叫做"表"；用一把尺子测量表影的长度和方向，则可知道时辰。后来，发现正午时的表影总是投向正北方向，就把石板制成的尺子平铺在地面上，与立表垂直，尺子的一头连着表基，另一头则伸向正北方向，这把用石板制成的尺子叫"圭"。正午时表影投在石板上，古人就能直接读出表影的长度值。

圭表示意图

经过长期观测，古人不仅了解到一天中表影在正午最短，而且得出一年内夏至日的正午，烈日高照，表影最短；冬至日的正午，煦阳斜射，表影则最长。于是，古人就以正午时的表影长度来确定节气和一年的长度。譬如，连续两次测得表影的最长值，这两次最长值相隔的天数，就是一年的时间长度，难怪我国古人早就知道一年等于365天的数值。

仪征铜圭表是中国现存最早的圭表。1965年在江苏仪征石碑村1号东汉墓出土。仪征铜圭表长34.5厘米，合汉制1.5尺，边缘上刻有尺寸单位；表高19.2厘米，合汉制8寸。圭、表间用枢轴连接，使之合为一体。使用时将表竖立与圭垂直；平时可将表折入圭体中留出的空档内，便于携带。根据传统的说法，表高为8尺，这一数值曾被长期沿用。该表的表高恰为8尺的1/10，说明它是一件便携式的测影仪器，可证明当时常设的天文台用8尺的表进行观测的说法是可信的。

在很多情况下，圭表测时的精度是与表的长度成正比的。元代杰出的天文学家郭守敬在周公测时的地方设计并建造了一座测景台。它由一座9.46米

中国现存最早的圭表——仪征铜圭表

高的高台和从台体北壁凹槽里向北平铺的长长的建筑组成，这个高台相当于坚固的表，平铺台北地面的是"量天尺"，即石圭。这个硕大的"圭表"使测量精度大大提高。

史料证明，以圭表测时，一直延至明清，现在南京紫金山天文台的一具圭表，是明代正统年间（1437～1442年）所造的。

远古时的人们，日出而作，日没而息，从太阳每天有规律地东升西落，直观地感觉到了太阳与时间的关系，开始以太阳在天空中的位置来确定时间，但这很难精确。据记载，3000年前，西周丞相周公旦在河南登封县设置过一种以测定日影长度来确定时间的仪器，称为圭表。这当为世界上最早的计时器。

此外，圭表还可以有多种用途。周时期，人们认为在同一日子里，南北两地的日影长短倘若差1寸，它们之间的距离大约有1000里。据说周王室裂地封侯的时候，用的就是这种办法。圭表还可以测定方向。在地上画许多个同心圆，将表竿竖立在圆心，当上下午表影顶点落在同一圆周上时，将这些对应点连接起来，它们的中点轨迹与圆心连线便是南北方向。在夜里，当视线通过表顶凝望北极时，这方向也即是南北方向。古人在搭建房舍、修造道路和营造宫殿的时候都要仔细地确定南北方向（子午方向），《诗经》上说"揆之以日，作于楚室"。揆，揣度的意思。全句可以解释为，通过观测日影来决定营造楚国宫殿的方向。

日 晷

日晷是利用太阳投射的影子来测定时刻的装置，又称"日规"，是我国古代利用日影测得时刻的一种计时仪器。

世界上最早的日晷诞生于6000年前的古巴比伦王国。中国最早文献记载是《隋书·天文志》中提到的袁充于隋开皇十四年（公元574年）发明的短影平仪，即地平日晷。赤道日晷的明确记载初见于南宋曾敏行的《独醒杂志》卷二中提到的晷影图。

日晷通常由铜制的指针和石制的圆盘组成。铜制的指针叫做"晷针"，垂直地穿过圆盘中心，起着圭表中立竿的作用。因此，晷针又叫"表"，石制的圆盘叫做"晷面"，安放在石台上，呈南高北低，使晷面平行于天赤道面，这样，晷针的上端正好指向北天极，下端正好指向南天极。在晷面的正反两面刻画出十二个大格，每个大格代表两个小时。当太阳光照在日晷上时，晷针的影子就会投向晷面，太阳由东向西移动，投向晷面的晷针影子也慢慢地由西向东移动。晷面的刻度是均匀的。于是，移动着的晷针影子好像是现代钟表的指针，晷面则是钟表的表面，以此来显示时刻。早晨，影子投向盘面西端的卯时附近。接着，日影在逐渐变短的同时，向北（下）方移动。当太阳达正南最高位置（上中天）时，针影位于正北（下）方，指示着当地的午时正时刻。午后，太阳西移，日影东斜，依次指向未、申、酉各个时辰。由于

日晷示意图一

从春分到秋分期间，太阳总是在天赤道的北侧运行，因此，晷针的影子投向晷面上方；从秋分到春分期间，太阳在天赤道的南侧运行，因此，晷针的影子投向晷面的下方。所以在观察日晷时，首先要了解两个不同时期晷针的投影位置。

　　这种利用太阳光的投影来计时的方法是人类在天文计时领域的重大发明，这项发明被人类所用达几千年之久。然而，日晷有一个致命弱点是阴雨天和夜里是没法使用的，直至1270年在意大利和德国才出现早期的机械钟，而中国则在1601年明代万历皇帝才得到两架外国的自鸣钟，清代时虽有很多进口和自制的钟表，但都为王公贵族所用，一般平民百姓还是看天晓时。所以彻底抛却日晷，看钟表知辰光还是近现代的事。

日晷示意图二

　　使用日影测时的日晷，无论是何种形式都有一根指时针，这根指时针与地平面的夹角必须与当地的地理纬度相同，并且正确地指向北极点，也就是都有一根与地球自转轴平行的指针。观察这根指针在指定区域内的投影，就能确定时间。现有常见的日晷有下列几种不同的形式：

　　（1）水平式日晷。是最常用的日晷，采用水平式的刻度盘，日晷轴的倾斜度，依使用地的纬度设定，刻度需要利用三角函数计算才能确定。适合低纬度的使用。

　　（2）赤道式日晷。赤道式日晷是依照使用地的纬度，将轴（指时针）朝向北极固定，观察轴投影在垂直于轴的圆盘上的刻度来判断时间的装置。盘上的刻度是等分的，夏季和冬季轴投影在圆盘上的影子会分在圆盘的北面和南面，适合中低纬度的使用。若将圆盘改为圆环则称为赤道式罗盘日晷。

（3）极地晷。供指时针投影的平面与指时针平行，即与地平面的夹角与地理纬度相同，并朝向正北。时间的刻画可以用简单的几何图来处理，投影的时间线是平行的线条。适合各种不同的纬度使用。

（4）南向垂直晷。刻度盘面朝向正南且垂直地面的日晷。这一种日晷较适合在中纬度（30°~60°）使用。

（5）东或西向垂直式日晷。刻度盘面朝向正东或正西且垂直地面的日晷。这一种日晷只能在上半日（东向）或下半日（西向）使用，但全球各纬度都适用。

（6）侧向垂直式日晷。刻度盘面采用垂直方向的日晷。这一种日晷需要依照建筑物的墙面方向换算刻度，不容易制作。依季节及时间的不同，有时不会产生影子。南向与东西垂直日晷都可视为此形的特例。

（7）投影日晷。不设置指时针，仅在地平面依地理纬度的不同绘制不同扁率的椭圆，在其上刻画时间线，并将长轴指向正东西方向、南北方向的短轴上则需刻上日期，指示立竿测量时刻的正确位置。

在此次北京奥运会开幕式上就上演了焰火点亮日晷这一激动人心的一幕。时钟接近20：00，焰火在"鸟巢"上空绽放，突然，一道耀眼的焰火在体育场上方滚动，激活古老的日晷。日晷将光芒反射到2008面缶组成的缶阵上，和着击打声，方阵显示倒计时秒数。缶面上连续闪出巨大的9、8、7、6、5、4、3、2、1……

场面之震撼，令人终生难忘。

平面镜

人类使用镜子的历史源远流长。最早的镜子就是天然的水平面。旧石器时代的人要想看自己的尊容就必须跑到池水边，对着平静似镜的池水自我欣赏一番。到了新石器时代，人类已经会制作陶盆，盆里盛了水放在家里就用不着老是朝河边跑了。欧洲有关古镜的记录，最早是在埃及第十一王朝的坟墓中发现了类似镜子的实物，距今有4000多年的历史。我国考古工作者也采集到这一时期的青铜镜。埃及的金属镜和我国从公元5世纪到13世纪流行的

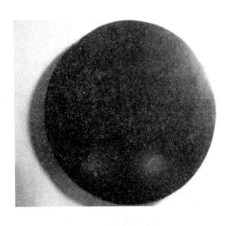

辽代铜镜示意图

金属镜都是青铜制成的。到了15世纪意大利的威尼斯用镀锡法制成了玻璃镜子，即在玻璃的背面涂了一层金属膜来反射光，反射效果极佳。于是皎白似银的玻璃镜子大量销售到各国，风靡欧洲。后来这种制镜技术被法国窃取并得到进一步的发展。17世纪后期玻璃镜的制法从吹球法改进为溶液法，这样就能很容易地制成平面玻璃镜。至于在玻璃背面镀银膜的方法是19世纪才发明的。现在广泛使用的是镀铝的玻璃镜。

追溯望远镜

1623年，近代科学的奠基者伽利略，曾对望远镜的发明作过很客观的分析。他说："我们可以肯定，望远镜的第一个发明者只是一个制造眼镜的人。他有各种各样的眼镜，偶然在不同远近的地方透过凹镜和凸镜两种镜片观看，见到并注意到了出乎意料的结果。这样就发现了这一用具。"在众多的记录中以荷兰米德尔堡眼镜商汉斯·利珀希最为出名：1600年的一天，他的两个孩子在店里玩耍，无意中把两片透镜叠在一起，并用它观看远处教堂的风标。突然，他的儿子兴奋地喊："爸，快来看啊！""你看见什么？""我看见教堂塔顶上风标。""胡说，教堂离我们那么远，你一定是搞错了。""不信，你自己来瞧吧。"正是这次偶然的机遇，目不识丁的汉斯一下成了位发明家。1608年10月2日，荷兰议会收到了汉斯·利珀希提出的专利申请。当时荷兰正与西班牙政府支持的雇佣军开战。独立军指挥莫里斯亲王登上亲王府内苑的一座塔，用望远镜鸟瞰全城，连声说好，并称赞它说："它可能对荷兰有用。"然而汉斯·利珀希并未因此交好运。望远镜的构造比较简单，立即有人仿造，并宣称自己才是真正的发明者。在混乱的战争状态下，荷兰政府拒绝了他的专利申请。

不久，法国驻海牙大使为亨利四世购买了一架望远镜。从此，在米兰、威尼斯、帕多瓦等地都出现了叫做"荷兰柱"、"透视镜"或"圆柱"的望远镜。

1611 年德国人开普勒，这位以发现行星三大运动定律而名扬天下的天文学家，为了观察天体的运行，在望远镜的研制上也下了一番工夫。他创制的望远镜称为开普勒望远镜，由两片凸透镜——物镜和目镜组成。物镜的焦距长而目镜的焦距短。开普勒望远镜的工作原理是：由于被观察的天体相当远，它发出的光线以平行光进入物镜，穿过物镜后，在物镜焦点外很近的地方形成天体倒立缩小的实像。由于物镜的焦点与目镜的交点重合，

伽利略望远镜

这样物镜得到天体的实像恰好落在目镜的焦距内，物镜的像就成为目镜的"物"，这个"物"在目镜的焦距内。当观察者对着目镜观察时，进入眼睛的光线就好像是直接从放大的虚像上发出来的。虚像的视角大于直接用眼观察天体的视角，因此从望远镜中看到的天体，使人觉得天体移近了，变得清晰可见了。

显微镜

在望远镜问世的同时，另一种重要的光学仪器——显微镜也诞生了。它也是偶然发明的。可以想象，有了望远镜的人很自然地会试用它来放大近旁的物体。伽利略本人也尝试自己做显微镜。有一天，他告诉一位朋友说："我用这个管子（望远镜）看到的苍蝇有羊羔那么大。全身是毛，并且有很尖的

胡克显微镜

爪子"。大约在1625年，博物学家约翰·法贝尔给这种装置定名为显微镜。

在显微镜的发明史上，最著名的人物是大科学家胡克和皇家学会的看门人列文虎克。在市政府里当看门人的列文虎克觉得整天无所事事，十分无聊。"总得干点什么吧。"他想。一天，他记起自己在布店学徒时，老板送了他一块放大镜，可惜表面有缺。他决定重新磨一块，从此一发便不可收，磨镜成了他的嗜好，简直到了痴迷的程度。他黎明即起，把一块玻璃放在油石上，认真地磨来磨去。只要没有人来找他，他可以从日出干到日落。这样他一直干了40年。他的房间里成为当时世界上最齐、最好的透镜库。他磨的镜片都很小，有的甚至不比针尖大多少。他通常把磨好的镜片嵌在两片带孔的铜片之间，通过铜片铆固使镜片固定。他磨制的镜片的放大倍数在50～300之间，他的显微镜实际上是一种放大镜，也称为单式显微镜。

显微镜和望远镜的发明大大拓宽了人的视野，它们的制作又促进了人们研究光学理论的兴趣。近代光学差不多从那时候（17世纪）开始发展起来了。

我国古时候有没有透镜

在镜子的家族里，除了面镜之外，还有透镜。那么，在古代中国有没有透镜呢？对这个问题有两种不同的说法。

有人认为我国古时候没有玻璃和与玻璃相当的透明材料，所以不可能有

早在我国古代便已存在的琉璃，被猜疑是制作透镜相当好的材料

透镜。这种观点遭到了一些专家反对。根据东汉王充在《论衡》一书中的记载："消炼五石，铸以为器，磨砺生光，仰以向日，则火来。"吕子方教授认为，这里说的五石指的是黏土、长石、矽砂、石灰石和白云石，这五种石头放在一起消炼就可以造玻璃，再磨砺加工就可以造出能会聚阳光的凸透镜来。当然这样的说法只能算是一家之言。然而即使没有玻璃，我国古代还有一种透明度相当好的材料，叫琉璃，未尝不能用来制作透镜。我国在唐代，西南边疆的贸易很兴旺，南亚诸国盛产的透明度很高的火珠也通过南方丝绸之路传入我国。据《旧唐书》记载，这种火珠"大如鸡卵，圆白皎洁，光明数尺，正午向日即火来"。我国五代的时候，道教学者谭峭隐居在嵩山，从事辟谷养气和炼丹之术。他有本著作名为《谭子化书》，书中提到当时常用四镜："圭、珠、砥、盂。"科技史专家认为这四种镜子就是类型不同的凸透镜和凹透镜。

值得一提，早在公元前 2 世纪，我国就有人用冰来做透镜，即将冰块削磨成凸透镜，对准太阳使阳光折射会聚，再将艾绒放在焦点上，艾绒就会燃烧起来。这种奇妙的取火方式说明古人对凸透镜能会聚阳光的特性是很熟悉的。

透　镜

　　透镜，是根据光的折射规律由透明物质（如玻璃、水晶等）制成的一种光学元件。透镜是折射镜，其折射面是两个球面（球面一部分），或一个球面（球面一部分）一个平面的透明体。它所成的像有实像也有虚像。透镜一般可以分为两大类：凸透镜和凹透镜。

自然界的光

ZIRANJIE DE GUANG

　　阳光初生下的朝霞、夕阳西下的晚霞；雨后的彩虹、海上的海市蜃楼；大漠深处的绿洲；会发光的萤火虫、朦胧的月光；极地的极光、会发光的植物，这一切都是自然界的光。

　　自然界的光在光学上时这样定义的：不直接显示偏振现象的光。所有天然光源发出的光都是自然光。它包括了垂直于光波传播方向的所有可能的振动方向，所以不显示出偏振性。从普通光源直接发出的天然光是无数偏振光的无规则集合，所以直接观察时不能发现光强偏于哪一个方向。这种沿着各个方向振动的光波强度都相同的光叫做自然光。

　　自然界的光是极其美丽的，充满了魅力与诱惑，他是大自然展布的美景，当然其中也蕴含了许许多多光学道理。给了人类许多启发。

海上光环

　　海洋这个奇妙的世界，自古以来就流传着许多神秘的故事。在科学技术高度发达的今天，人们已经揭开了许多海洋的奥秘。但这仅仅是人类向海洋

进军的第一步，还有许多问题等待着人们去探索。神秘的"海上光轮"就是其中之一。

1880 年 5 月的一个黑夜里，"帕特纳"号轮船正在波斯湾海面上航行。突然，船的两侧各出现一个直径约 500~600 米的圆形光轮。这两个奇怪的光轮，在海面上围绕着船旋转，几乎擦到了船边。光轮跟随着轮船前进，大约 20 分钟后才逐渐消失。美国作家福特一生都在收集这类难以解释的怪事，他曾多次列举了这种奇怪的"海上光轮"现象。例如：

1884 年，在英国某协会举行的一次会议上，有人宣读了一艘船只的航行报告。报告中讲到两个"海上光轮"向着船旋转而来。当靠近船只时，桅杆倒了，随后又散发出一股强烈的硫磺气味。当时，船员们把这种奇怪的光轮叫做"燃烧着的砂轮"。

还有一次是在 1909 年 6 月 10 日夜间 3 点钟，一艘丹麦汽船正航行在马六甲海峡中。突然间，船长宾坦看到了海面上出现了一个奇怪的现象：一个几乎与海面相接的圆形光轮在空中旋转着，宾坦被吓得目瞪口呆。过了好一会儿，光轮才消失。

最奇怪的一次是在 1910 年 8 月 12 日夜里，荷兰"瓦伦廷"号船长在南中国海航行时，也看到了一个"海上光轮"在海面上飞速旋转着，与上面有所不同的是，该船船员在光轮出现期间，都有种不舒服的感觉。

"海上光轮"的大部分目击者都是在印度洋或印度洋的邻近海域，其他海域却鲜有发生。

如何解释这类奇怪现象呢？人们做了种种推论和假设。有人认为，航船的桅杆、吊索电缆等的结合可能会产生旋转的光圈；海洋浮游生物也会引起美丽的海发光；有时，两组海浪相互干扰还会使发光的海洋浮游生物产生一种运动，这也可能会造成旋转的光圈。但令人遗憾的是，以上种种假设，似乎都不能令人满意地解释那些并不是在海水表面而是在海平面之上的空中所出现的"海上光轮"现象。后来又有人猜测，也许是由于球型闪电的电击而引起的现象，也有可能是其他物理现象造成的。但这也只是猜测，谁也不能加以证实。

神秘的"海上光轮"至今还是个谜。目前，人们对这种变幻莫测的"海上光轮"了解得还很少，需要海洋科学家做大量工作，收集更多见证，以便早日揭开这个谜团。

瑰丽的极光

在地球南北两极附近地区的高空，夜间常会出现灿烂美丽的光辉。它轻盈地飘荡，同时忽暗忽明，发出红的、蓝的、绿的、紫的光芒。这种壮丽动人的景象就叫做极光。

极光多种多样，五彩缤纷，形状不一，绮丽无比，在自然界中还没有哪种现象能与之媲美。任何彩笔都很难绘出那在严寒的极地空气中嬉戏无常、变幻莫测的炫目之光。

极光有时出现时间极短，犹如节日的焰火在空中闪现一下就消失得无影无踪；有时却可以在苍穹之中辉映几个小时；有时像一条彩带，有时像

炫目的极光

一团火焰，有时像一张五光十色的巨大银幕；有的色彩纷纭，变幻无穷；有的仅呈银白色，犹如棉絮，凝固不变；有的异常光亮、掩去星月的光辉；有的又十分清淡，恍若一束青丝；有的结构单一，状如一弯弧光，呈现淡绿、微红的色调；有的犹如彩绸或缎带抛向天空，上下飞舞、翻动；有的软如纱巾，随风飘动，呈现出紫色、深红的色彩；有时极光出现在地平线上，犹如晨光曙色；有时极光如山茶吐艳，一片火红；有时极光密聚一起，犹如窗帘慢帐；有时它又射出许多光束，宛如孔雀开屏，蝶翼飞舞。

许多世纪以来，这一直是人们猜测和探索的天象之谜。从前，爱斯基摩人以为那是鬼神引导死者灵魂上天堂的火炬。13世纪时，人们则认为那是格陵兰冰原反射的光。到了17世纪，人们才称它为北极光——北极曙光（在南极所见到的同样的光，称为南极光）。

随着科技的进步，极光的奥秘逐步揭开。原来，这美丽的景色是太阳与大气层合作表演出来的作品。在太阳创造的诸如光和热等形式的能量中，有一种能量被称为"太阳风"。太阳风是太阳喷射出的带电粒子，是一束可以覆盖地球的强大的带电亚原子颗粒流。太阳风在地球上空环绕地球流动，以大约400千米/秒的速度撞击地球磁场。地球磁场形如漏斗，尖端对着地球的南北两个磁极，因此太阳发出的带电粒子沿着地磁场这个"漏斗"沉降，进入地球的两极地区。两极的高层大气，受到太阳风的轰击后会发出光芒，形成极光。在南极地区形成的叫南极光，在北极地区形成的叫北极光。

科学上将地磁纬度低于45°的区域称为微极光区。极光下边界的高度，离地面不到100千米，极大发光处的高度约110千米左右，正常的最高边界为300千米左右，在极端情况下可达1000千米以上。根据近年来关于极光分布情况的研究，极光区的形状不是以地磁极为中心的圆环状，而是更像卵形。极光的光谱线范围约为3100~6700埃，其中最重要的谱线是5577埃的氧原子绿线，称为极光绿线。

1890年，挪威物理学家柏克兰在分析极光成因时认为，离地球1.5亿千米的太阳几乎连续不断地向地球放射物质点。而离地球5万~6.5万千米以外有一层磁场将地球罩住，当太阳的质点直射这层磁场而被挡住时，它便向地球四周扩散，寻找钻入的空隙，结果约有1%的质点钻入北磁极附近的大气层。每颗太阳质点含有等于1000伏特的电力。它们在100千米外的高空大气层中与原子和多半由氧和氮构成的分子相遇，原子吸收了太阳质点所含的一部分能量时，立即又将这些能量释放出来而产生极强的光，氧发出绿色和红色的光，氮则发出紫、蓝和一些深红色的光。这些缤纷的色彩组成了绮丽壮观的极光景象。

目前，许多科学家正在对极光作深入的研究。人们看到的极光，主要是带电粒子流中的电子造成的。而且，极光的颜色和强度也取决于沉降粒子的能量和数量。用一个形象比喻，可以说极光活动就像磁层活动的实况电视画面。沉降粒子为电视机的电子束，地球大气为电视屏幕，地球磁场为电子束导向磁场。科学家从这个天然大电视中得到磁层以及日地空间电磁活动的大量信息。

极光不但美丽，而且在地球大气层中投下的能量，可以与全世界各国发电厂所产生电容量的总和相比。这种能量常常搅乱无线电和雷达的信号。极光所产生的强力电流，也可以集结在长途电话线中或影响微波的传播，使电路中的电流局部或完全"损失"，甚至使电力传输线受到严重干扰，从而使某些地区暂时失去电力供应。至今还没有人确切地知道极光发生的原因，但人们通常认为极光是来自太阳微小高能粒子在地球磁场受阻后偏向的结果。一说是太阳高能粒子在地球磁场作用下和地球外层大气中氧氮原子撞击产生的辉光。太阳每11年左右有一个非常活动期，发出大量高能粒子进入宇宙空

舞动着的极光

间。怎样利用极光所产生的能量为人类造福，是当今科学界的一项重要使命。

因为在地平线上的城市灯光和高层建筑可能会妨碍我们看光，所以最佳的极光景象要在乡间空旷地区才能观察到。在加拿大的丘吉尔城，一年有300个夜晚能见到极光；而在美国的佛罗里达州，一年平均只能见到4次左右。大多数极光出现在地球上空90～130千米处，但有些极光要高得多。1959年，一次北极光所测得的高度是160千米，宽度超过4800千米。

看极光没有绝对的纬度要求，因为强极光在我国中南部地区都有可能看到，只是十分罕见罢了。但是总的说，我国观测极光是处在不利位置，因为北地磁极偏向北美大陆，所以同样是地理北纬40°，美国匹兹堡磁纬高得多，就比北京看到极光的机会大多了。

极光如此美丽，它是地球独有的专利吗？过去，科学家曾经利用太空总署的哈勃太空望远镜，也意外地拍摄到了木星极光的照片。不过，使用南欧洲天文台的红外线望远镜，科学家可以更清楚地观察到木星极光和北极上空的烟雾。

科学家指出，极光是环绕木星的磁轴，而这些烟雾，是环绕着木星的旋转轴，是在极光环之下。烟雾是受到木星上的地带风影响，这些地带风是在同一纬度上移动的。科学家相信，木星以10小时一次的迅速自转，也会影响两极上空烟雾的移动。

观察发现，极光形体的亮度变化也是很大的，从刚刚能看得见的银河星云般的亮度，一直亮到满月时的月亮亮度。在强极光出现时，地面上物体的轮廓都能被照见，甚至会照出物体的影子来。当然，最为动人的当然还是极光运动所造成的瞬息万变的奇妙景象。我们形容事物变得快时常说："眼睛一眨，老母鸡变鸭。"极光可真是这样，翻手为云，覆手为雨，变化莫测，而这一切又往往发生在几秒钟或数分钟之内。极光的运动变化，是自然界这个魔术大师，以天空为舞台上演的一出光的活剧，上下纵横成百上千千米，甚至还存在近万千米长的极光带。这种宏伟壮观的自然景象，好像更沾了一点仙气似的，颇具神秘色彩。

令人叹为观止的则是极光的色彩，早已不能用五颜六色去描绘。说到底，

多姿多彩的极光

其本色不外乎是红、绿、紫、蓝、黄，可是大自然这一超级画家用出神入化的手法，将深浅浓淡、隐显明暗一搭配、一组合，一下子变成了万花筒啦。根据不完全的统计，目前能分辨清楚的极光色调已达160余种。

2000年4月6日晚，在欧洲和美洲大陆的北部，出现了极光景象。在地球北半球一般看不到极光的地区，甚至在美国南部的佛罗里达州和德国的中部及南部广大地区也出现了极光。当夜，红、蓝、绿相间的光线布满夜空中，场面极为壮观。虽然这是一件难得一遇的幸事，但在往日平淡的天空突然出现了绚丽的色彩，在许多地区还造成了恐慌。据德国波鸿天文观象台台长卡明斯基说，当夜德国莱茵地区以北的警察局和天文观象台的电话不断，有的人甚至怀疑又发生毒气泄漏事件。这次极光现象被远在160千米高空的观测太阳的宇宙飞行器ACE发现，并发出了预告。在北京时间4月7日凌晨0时30分，宇宙飞行器ACE发现一股携带着强大带电粒子的太阳风从它旁边掠过，而且该太阳风突然加速，速度从375千米/秒提高到600千米/秒，一小时后，这股太阳风到达地球大气层外缘，为我们显示了难得一见的造化神工。

知识点

太阳风

太阳风，是从恒星上层大气射出的超声速等离子体带电粒子流。在不是太阳的情况下，这种带电粒子流也常称为"恒星风"。

太阳风是一种连续存在，来自太阳并以 200~800km/s 的速度运动的等离子体流。这种物质虽然与地球上的空气不同，不是由气体的分子组成，而是由更简单的比原子还小一个层次的基本粒子——质子和电子等组成，但它们流动时所产生的效应与空气流动十分相似，所以称它为太阳风。

日 食

2009 年 7 月 22 日我国出现了 500 年一遇的日全食奇观。此次日全食是自 1614 年至 2009 年的近 500 年间，在我国境内全食持续时间最长的一次，最长时间超过 6 分钟。同时，这也是世界历史上覆盖人口最多的一次日全食。

日食是相当罕见的现象，在四种日食中较罕见的是日全食，因为惟有在月球的本影投影在地球表面时，在该区域的人才能够观测到日全食。日全食是一种相当壮丽的自然景象，所以时常吸引许多游客特地到海外去观赏日全食的景象。例如，1999 年发生在欧洲的日全食，吸引了非常多观光客特地前去观赏，也有旅行社推出专门为这些游客设计的行程。

日食奇观

那么，作为一种天文现象的日食是怎么形成的呢？古

时，人类缺乏天文学知识，以为日食是天狗吃了太阳，或象征灾难的降临，而在日食时举行仪式。但在现代社会中，日食的这层意义已逐渐为人们所抛弃。

科学上的解释是，日食只在月球运行至太阳与地球之间时发生。这时，对地球上的部分地区来说，月球位于地球前方，因此来自太阳的部分或全部光线被挡住，所以，看起来好像是太阳的一部分或全部消失了，日食由此而来。

上一次发生在中国的日全食发生于 2009 年 7 月 22 日，而下一次将预计会于 2035 年 9 月 2 日在我国北方发生，时长 1 分 29 秒。

在日食出现的时候，我们通常会拿相机将这一幕以图片或者录像的方式记录下来，但是在拍摄的过程中还要注意一些事项，以下几点，供大家参考。

（1）提前进行周密的规划。比如用什么相机、镜头或望远镜，用什么

拍摄日食

拍摄方式，要拍到什么效果，拍到照片后除了欣赏外还会不会有别的什么应用等。

（2）提前进行实际演练。如果有条件，提前几天来到实际观测地，在日食发生的同样时间将观测流程从头到尾走一遍，包括组装望远镜、找太阳、连接相机、拍照、摘掉滤光片拍照（此时不可对着太阳）、再盖上滤光片拍照、换存储卡、换电池等，这样就会减少突发情况的发生，以便取得最佳的拍摄效果。如果没条件到观测现场也没关系，在任何一个地方演练都可以，只要找恰当的时间让当时太阳高度和日食时差不多即可。

（3）实际观测时，在全食或者环食阶段找一个人专门负责报时。因为这个阶段持续时间本来就很短，而人在这个时候紧张而忙碌，往往察觉不到时间的流逝。而当有人专门报时，其他观测者就能对时间做到心中有数，更好地安排自己的观测。

在这里还要再次强调，在面对最壮观的日全食时，全食阶段一定不要忘记摘掉滤光片！当全食阶段即将到来时，人们的心情可能也会越来越紧张，生怕错过什么精彩的镜头，于是只顾一通狂拍，等到发现什么都没拍下来而意识到忘了摘滤光片时可能已经晚了。

在用摄像机拍摄日全食的过程中，千万不要用肉眼或任何光学设备（如望远镜等）直视太阳；也不能用相机直接拍摄（必须加有专用滤光镜），以防损伤烧坏相机。

月　食

我们知道，月食是一种特殊的天文现象，是指当月球运行至地球的阴影部分时，在月球和地球之间的地区会因为太阳光被地球所遮蔽，就看到月球缺了一块。也就是说，此时的太阳、地球、月球恰好（或几乎）在同一条直线上（地球在太阳与月球之间），因此从太阳照射到月球的光线，会被地球所掩盖。以地球而言，当月食发生的时候，太阳和月球的方向会相差

180°，所以月食必定发生在"望"（农历十五日前后）。要注意的是，月食只能发生在满月的时候，这时，太阳、地球和月球成一直线，整个月面被照亮，所以只要天清气朗，保证能看清楚看到这种壮观的场面。然而并不是每次满月都会发送月食，因为月球绕地球的轨道偏离了黄道约5°的交角，只有当满月时刻正好是在月球在其轨道上穿过黄道平面时，才会发生月全食。

古代月食记录有时可用来推定历史事件的年代。中国古代迷信的说法又叫做天狗吃月亮。

月食可分为月偏食、月全食及半影月食三种（切记不会发生月环食。因为，月球的体积比地球小得多）。当月球只有部分进入地球的本影时，就会出现月偏食；而当整个月球进入地球的本影之时，就会出

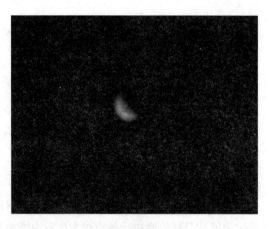

月食示意图

现月全食。至于半影月食，是指月球月食分类只是掠过地球的半影区，造成月面亮度极轻微的减弱，很难用肉眼看出差别，因此不为人们所注意。

地球的直径大约是月球的4倍，在月球轨道处，地球本影的直径仍相当于月球的2.5倍。所以当地球和月亮的中心大致在同一条直线上，月亮就会完全进入地球的本影，而产生月全食。而如果月球始终只有部分为地球本影遮住时，即只有部分月亮进入地球的本影，就发生月偏食。因为，月球的体积比地球小得多。

太阳的直径比地球的直径大得多，地球的影子可以分为本影和半影。如果月球进入半影区域，太阳的光也可以被遮掩掉一些，这种现象在天文上称为半影月食。由于在半影区阳光仍十分强烈，月面的光度只是极轻微减弱，多数情况下半影月食不容易用肉眼分辨。一般情况下，由于较不易为人发现，

故不称为月食，所以月食只有月全食和月偏食两种。

另外由于地球的本影比月球大得多，这也意味着在发生月全食时，月球会完全进入地球的本影区内，所以不会出现月环食这种现象。

月食的出现不很频繁，每年发生月食数一般为两次，最多发生三次，有时一次也不发生。因为在一般情况下，月亮不是从地球本影的上方通过，就是在下方离去，很少穿过或部分通过地球本影，所以一般情况下就不会发生月食。

一般情况下，正式的月食的过程分为初亏、食既、食甚、生光、复圆五个阶段。

初亏：标志月食开始。月球由东缘慢慢进入地影，月球与地球本影第一次外切。

食既：月球的西边缘与地球本影的西边缘内切，月球刚好全部进入地球本影内。

食甚：月球的中心与地球本影的中心最近。

生光：月球东边缘与地球本影东边缘相内切，这时全食阶段结束。

复圆：月球的西边缘与地球本影东边缘相外切，这时月食全过程结束。

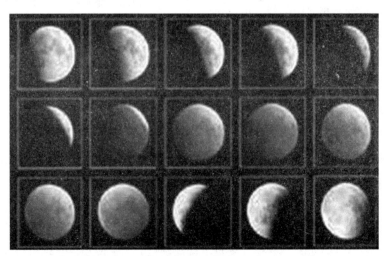

月食过程示意图

月球被食的程度叫"食分"，它等于食甚时月轮边缘深入地球本影最远距离与月球视经之比。

半影食终：月球离开半影，整个月食过程正式完结。

海市蜃楼

在我国山东省蓬莱县，当风和日丽之时，常可见海面上有亭台楼阁出现，人们冠以海市蜃楼。那么，海市蜃楼的形成原因究竟是什么？原来它是地球大气层所变的光学魔术，它把远处物体的景象搬到了这里。

海市蜃楼奇观

我们用现代科学原理来分析海市蜃楼的成因。众所周知，海水的热容量很大，即使在强烈的阳光照射下，水温也不容易升高。这样一来，使海面上的空气层出现了上暖下冷的逆温现象。接近海面的空气受海水温度的影响，气温较低，而稍高的空气层在日光的照晒下，气温反而高。这样引起了空气密度上层小、下层大的异常状况。在风力微弱的天气里，这样的空气层保持着相对的稳定。那么，密度小的上空气层就会像镜子一样把离蓬莱阁有数十里之远，原来不可能被看到的海中诸岛发出的光线，反射入人们的眼帘，使

两个太阳同时坠落示意图

观察者目睹这处在虚无缥缈之中的空中映像。

下面这个图中，两个太阳同时坠落是最常见的一种海市蜃楼景象，在日落时由于光线折射的原因，地平线上的太阳常常看起来好像更大，甚至会变成椭圆形。这张太平洋上的日落照片，就是这种视觉效果的最好体现，严重的折射现象"削平"了太阳的顶部。

大气层

大气层，又叫大气圈，地球就被这一层很厚的大气层包围着。大气层的成分主要有氮气，占 78.1%；氧气占 20.9%；氩气占 0.93%；还有少量的二氧化碳、稀有气体（氦气、氖气、氩气、氪气、氙气、氡气）和水蒸气。大气层的空气密度随高度而减小，越高空气越稀薄。大气层的厚度大约在 1000 千米以上，但没有明显的界线。整个大气层随高度不同表现出不同的特点，分为对流层、平流层、中间层、暖层和散逸层，再上面就是星际空间了。

沙漠绿洲

在沙漠中行走的旅客，在焦渴难当之时，常常会看到前方不远处有绿洲湖水出现，但当他们驱赶骆驼向绿洲奔去时，湖水又莫名其妙地消失了。这也是大气层所开的残忍的玩笑。

原来在烈日曝晒的情况下，沙漠温度猛升，接近地面的空气温度升高、密度变小，而上空的空气相对讲温度低、密度大，尽管存在密度大的空气向下、密度小的空气向上的对流运动，但是来不及改变上下密度不均的状况，远处绿洲射来的光线经过密度显著不同的空气层时将发生明显的折射，使我们看到的绿洲出现在

沙漠中的海市蜃楼

较近处的地面上。因为这种幻景在物体的下方，又叫下蜃景。

那么什么是上蜃景呢？上蜃景就是景物的形象出现在物体上方的现象就叫做上蜃景，如上一节的海市蜃楼。

光的折射

光的折射，光从一种透明介质斜射入另一种透明介质时，传播方向一般会发生变化，这种现象叫光的折射。

光的折射与光的反射一样都是发生在两种介质的交界处，只是反射光返回原介质中，而折射光则进入到另一种介质中，由于光在在两种不同的物质里传播速度不同，故在两种介质的交界处传播方向发生变化，这就是光的折射。在两种介质的交界处，既发生折射，同时也发生反射。反射光光速与入射光相同，折射光光速与入射光不同。

蓝色的天空

"蓝蓝的天上白云飘"是一支动听的民歌。在晴朗的日子里，天空的背景为什么总是蓝色的呢？从前，人们认为空气是蓝色的，以此解释为什么天空是蓝色的。以后发展了许多其他关于天空颜色的理论，但都没有被人接受。科学家们不断探索，终于通过研究烟囱冒烟的现象找到了答案。

因波长较短的蓝光容易被散射，
所以晴朗的天空是蓝色的

原来这和光的散射有关。我们知道，光在媒质中传播时，有部分偏离原传播方向的现象叫光的散射。由于大气分子的无规则热运动，气体密度的起伏和其他因素的影响，太阳光在通过大气层的时候要发生散射，散射光的强度与波长的关系是：波长越短的光，被散射得越多。如波长较短的蓝光和紫光比红光受到的散射要强十多倍。因此，天空布满了被散射的蓝光和紫光。人们看到天空的颜色正是这些被散射的光，所以天空是蓝色的。日出、日落时阳光经过的路程比中午长，蓝光和紫光被散射多，而红光被保留多。所以，早、晚的太阳和彩霞要红一些。

知识点

波 长

波长，指沿着波的传播方向，在波的图形中相对平衡位置的位移时刻相同的相邻的两个质点之间的距离。横波中波长通常是指相邻两个波峰或

波谷之间的距离。在纵波中波长是指相邻两个密部或疏部之间的距离。波长在物理中表示为λ，读作"拉姆达"，单位是"米"。

诗意的彩虹

"赤、橙、黄、绿、青、蓝、紫，谁持彩链当空舞。"这是毛主席著名的诗句。雨后的天空为什么会出现一条七色的彩虹呢？有人说这是天空中的彩桥，有高仙踏空而过。欧洲的神话把它说成是光明神古沙赫的宝弓。

彩虹奇观

科学家给出的解释是：夏天雨后天空中悬浮着很多极小的水滴，当阳光从一定的角度射向小水滴，经过折射、全反射、再折射到空气中的时候，原先白色的阳光就被分散成七色光，它们在天空背景上形成彩色的圆弧，外侧呈现红色，内侧则是紫色，这就是虹。有的时候，在虹的外侧会有另一条彩色圆弧，色彩比虹淡一些，颜色排列与虹恰好相反，内侧是红色，外侧呈现紫色，这个彩色圆弧叫做霓，又叫做副虹，它是太阳光射入水滴，经过折射、两次全反射，再折射出水滴后形成的。

　　科学家牛顿也曾对虹做出了科学的解释，他把"不同颜色光线具有不同的折射本领"的观点，应用于解释虹的成因。他认为虹是云中或落下的微小水滴反射阳光的缘故。太阳光发出的白光射到水滴上，光线进入水滴发生折射，在水滴中再发生全反射，在出水滴的时候又发生第二次折射。由于不同颜色的光折射程度不同，它们在离开水滴后被散开成扇形，观察者如果背向太阳，就能看到虹的出现。

　　可是在有的时候，尽管空气中常有雾珠水汽，但我们并不到处看到彩虹，这是为什么呢？

　　这里很重要的一点是，只有在适当位置上的水滴，从它折射出来的光线才能同时进入我们的眼帘，这个位置是从它射来的光线与地平线的角度为42°。当然，虹的现象也不是很难见的，池边的人工喷泉，在阳光照耀下，也可出现彩虹。

　　阳光经水滴散射后形成七彩光环。

小水滴把阳光散射成不同波段，进而形成七彩光环

　　当阳光穿过雨林中小水滴时，被散射成不同的波段，也会形成照片中所示的七彩光环。彩虹是因为阳光射到空中接近圆形的小水滴，造成色散及反射而成。阳光射入水滴时会同时以不同角度入射，在水滴内亦以不同的角度反射。当中以40°~42°的反射最为强烈，造成我们所见到的彩虹。其实只要空气中有水滴，而阳光正在观察者的背后以低角度照射，便可能产生可以观察到的彩虹现象。

极其罕见的火彩虹

图中这种扁平状的彩虹就是所谓的火彩虹，也被称为"环地平弧"。"环地平弧"是一种极其罕见的光学现象，只有当太阳光线与地平线呈58°角时才会形成冰晶折射现象。之所以被称之为火彩虹，是因为它看起来就像彩虹在天空自发的燃烧，划过天空。火彩虹不像普通的彩虹那么容易见到，这主要因为那种条件实在太难满足了，首先太阳要与地平线成58°角，同时你观察的天空要在20000英尺（约6100米）的高度上存在卷云。

火彩虹

美丽的露珠

当潮湿的空气中漂浮着许多小水珠时，有光线穿过就会形成彩虹。标准

蛛网上的露虹

的彩虹并不少见。但如果太阳光线的角度较低，而且小水珠又都黏附于某特定表面时，也会出现一种特别的彩虹现象，即所谓的"露虹"。比如，蛛网上的露水就会形成所谓的"露虹"，小草、野花等植物表面为"露虹"的形成提供了很好的平台。

动植物的光

神奇的萤火虫

萤火虫在全世界约有 2000 种，分布于热带、亚热带和温带地区。根据中国几位专家的统计，我国发现的种类约有 100 余种，再加上未发现的种类，总共可能有 150 种。小至中型，长而扁平，体壁与鞘翅柔软。前胸背板平坦，常盖住头部。头狭小，眼半圆球形，雄性的眼常大于雌性。腹部 7～8 节，末端下方有发光器，能发黄绿色光。萤火虫夜间活动，卵、幼虫和蛹也往往能发光，成虫的发光有引诱异性的作用。幼虫捕食蜗牛和小昆虫，喜欢栖于潮湿温暖，草木繁盛的地方。成虫仅仅进食一些露水或花粉等。科学家研究表明，有一种萤火虫，是要靠吃掉雄性萤火虫来繁衍并且保护后代生存的。这种"致命情人"目前还没有在中国发现，

萤火虫图一

它们大多生活在北美。它们不像中国的萤火虫成虫那样，一生不取食，或者仅仅食用花粉及露水等，它们是标准的捕食昆虫。这种萤火虫可通过模仿其他种类萤火虫的雌性闪光来"引诱"雄性，等雄性萤火虫以为自己的求爱得到应答，赶来幽会时，就会被对方吃掉。

夏季时，它们一般会在河边、池边、农田出现，活动范围一般不会离开净水源。相对而言，雄性萤火虫较为活跃，主动四处飞来吸引异性。雌性停在叶上等候发出讯号。在萤火虫体内有一种磷化物——发光质，经发光酵素作用，会引起一连串化学反应，它发出的能量只有约一成多转为热能，其余多变作光能，其光称为冷光。常见萤火虫的光色有黄色、红色及绿色。雄萤腹部有两节发光，雌萤只有一节。亮灯是耗能活动，不会整晚发亮，一般只维持 2~3 小时。成虫寿命一般只有 5 天至两星期，这段时间主要为交尾繁殖下一代。在日落 1 小时后萤火虫非常活跃，争取时间互相追求。雄虫会在 20 秒中闪动一次亮光，再等 20 秒，再次发出讯号，耐心等待雌虫的一次强光回应。当没有反应，雄的会飞往别处。

萤火虫幼虫分为水生和陆生。幼虫一般需要 6 次蜕变后才进入蛹阶段。

萤火虫图二

幼虫喜吃螺类和甲壳类动物，捕捉猎物后会先麻醉再将其消化的物质注入身体，把肉分解。

萤火虫在天黑时才开始发光。寻找萤火虫宜用电筒照路，避免直照草堆。萤火虫受电筒照射时可能暂时停止发光，反而找不到它们。

至于萤火虫发光的目的，早期学者提出的假设有求偶、沟通、照明、警示、展示及调节族群等功能；但是除了求偶、沟通之外，其他功能只是科学家观察的结果，或只是臆测。直到近几年，才有学者验证了"警示说"：1999年，学者奈特等人发现，误食萤火虫成虫的蜥蜴会死亡，证实成虫的发光除了找寻配偶之外，还有警告其他生物的作用；学者安德伍德等人在1997年以老鼠做试验，证实幼虫的发光对于老鼠具有警示作用。

乌贼的"发光弹"

乌贼生活在热带和温带沿岸的浅水中，冬季常迁至较深海域。常见的乌贼在春、夏季繁殖，约产100～300粒卵。乌贼主要吃甲壳类、小鱼或互食。主要敌害是大型水生动物。乌贼肉可食，墨囊可制墨水，内壳可喂笼鸟以补充钙质。现代的乌贼出现于2100万年前的中新世，祖先为箭石类。

善用发光弹避敌的乌贼

乌贼鱼每当遭遇敌害时便会放出一团墨汁，来蒙蔽敌害的视线。殊不知它还有一手，在四周漆黑的深海里，放墨汁是无济于事的。这时乌贼会从墨囊里喷出另一种液体，这种液体喷出后会形成一团发光的"火球"，把来敌吓一大跳，它便趁机逃之夭夭。乌贼的这种"发光弹"温度不高，也是一种冷光源。

鱼光奇观

海洋里的鱼类，有很多能发出亮光。一般来说，能发光的鱼类多居于深海，浅海里能发光的鱼类比较少。

鱼类是依靠身体上的发光器官发光的。这些发光器官的构造很巧妙，有的具有透镜、反射镜和滤光镜的作用，会折射光线；有的器官内的腺细胞，会分泌出发光的物质。

还有些鱼是因为鱼体上附有共栖性的发光细菌，这些发光细菌在新陈代谢过程中会发出亮光。鱼体上发光器官的大小、数目、形状和位置，因鱼的种类而各有不同。大多数鱼类的发光器官是分布在腹部两侧，但也有生长在眼缘下方、背侧、尾部或触须末端。

光脸鲷

1964 年，海洋生物学家戴维在红海首次发现一种十分奇特的闪光鱼——光脸鲷。它的身体只有 7~10 厘米长。这种小鱼生活在红海和印度洋不到 10 米的深处，或者在较深的珊瑚礁上，发出的光十分明亮，在水下 18 米远处就能发现它。

一条光脸鲷所发的光能够使人在黑夜看清手表上的时间，所以潜水员常常把它们捉住后放在透明的塑料袋中，作为水中照明之用。

海洋生物学家认为，到目前为止，光脸鲷的发光亮度在所有发光动物中是最亮的，因此有"壮观的夜鱼"之称。

白天，光脸鲷隐匿在洞穴或珊瑚礁中，仅在没有月光的夜晚才冒险出来，常常 12~60 条一起活动，多时可达 200 条。它们不成线状排列，而排成球形队列。当它们一齐拉下皮膜时，群鱼的发光器官好似无数的明亮星星，组成了一个巨大的亮球，以此来引诱小型甲壳动物和蠕虫作为自己的食物，但同时也不可避免地招来了一些大型的凶猛鱼类。当它将要受到威胁或袭击的时候，会立即巧妙地拉上皮膜，顿时漆黑一团，它们则乘机溜之大吉。

像许多其他鱼类一样，光脸鲷的发光也依赖于共生发光细菌作为它的光源。据测定，这种鱼的一个发光器官中大约有 10 亿个发光细菌。这些细菌侵入到鱼的发光器官上，为自己安排了一个良好的生存环境，寄主则为它们提供了充足的养料，它们也帮助寄主引诱食物和逃避敌害。由发光细菌共生而引起的发光现象，甚至在动物体死后的几小时，还能继续发光。

最近，一位海洋生物学家做了一个有趣的实验：他把捕捉到的光脸鲷放在室内的水族箱里，同时做了一个能闪光的脸鲷的精细模型。当模型放入水族箱的时候，光脸鲷就纷纷向模型游来，并拉下皮膜，闪显出黄绿色的光。这说明了光脸鲷的闪光是彼此联络的信号，也是它们群居生活的一个特征。

有"探照灯"的鱼

一支在加勒比海从事科研工作的考察队，发现了一种极为罕见的鱼，在它的两只眼睛之间有一种能发光的特殊器官。至今，这种鱼只在 1907 年牙买加沿岸附近被捕获过，那时当地的渔民把它叫做"有探照灯的鱼"。

科学家已查明，这种奇特的鱼生活在海洋 170 多米的深处，它的光源是一种特殊的能发光的细菌，借助其"探照灯"，这种鱼能照亮其前方近 15 米远。

灿烂美丽的月亮鱼

如果你有机会站在南美洲沿海岸遥望夜海，那么将会看到海面有许许多多圆圆的月亮般的鱼，这就是月亮鱼。

月亮鱼个体不太大，每条重 500 克左右，其肉肥厚丰满，它的身体几乎呈圆形，鱼体的一边，体色银亮，并能放射出灿烂的珍珠光彩。由于它的头部隆起，眼睛很大，很像一只俯视的马头，因此也有"马头鱼"别称。

迷惑对方的闪光鱼

闪光鱼只有几厘米长，它在水里发光时，你可以凭借其光亮看清手表上的时间。鱼类专家们发现，它们是用"头灯"发光的，在它们的两眼下有一粒发出青光的肉粒，这是闪光鱼用头探测异物、捕食食物，并与同类沟通的器官。一群闪光鱼聚在一起时，人们从老远就能看见它们。

闪光鱼主要生活在红海西部和印度尼西亚东海岸。它们白天住在礁洞深海处，晚上就沿着海床觅食嬉戏。它们头上的闪光灯平均每分钟可闪光75次，遇到同类时闪光频率会发生变化，受到追逐时，也有特定的闪动频率，用以迷惑对方。

光怪陆离的五彩鱼光

不同的鱼会发出不同颜色的亮光，同一类的鱼也会发出不同颜色的光。

生活在深海里的鱼安康鱼，背鳍第一条鳍的末端有一个发光器官，能发出红、蓝、白三种颜色的光，像一盏小灯笼。它的腹部有两列发光器，上列发出红色、蓝色和紫色的光，下列发出红色和橘黄色的光。

生活在深海里的角鲨，能够发出一种灿烂的浅绿色光。太平洋西岸的浅海里，有一种属于蟾鱼科的集群性小鱼，它的身体两侧各生有大约300个发光器能发出奇异的光彩。在昂琉群岛和新加坡岛附近的海里，有一种小宝钰鱼，它的发光器官分布在消化道周围，由于鱼鳔的反射，这种鱼就像看不到钨丝的乳白电灯。

马来亚浅海有一种灯鲈鱼，能发出白中带绿的亮光，很像月光反射在波浪上；此处的另一种灯眼鱼，能发出星状的光亮，看起来好像落在水里的星星。

鱼类所发出的光是没有热量的，是冷光，也叫动物光。它们发光的目的各不相同。安康鱼发光是为了招引异性；松球鱼遇敌侵扰时，会发出"光幕"，用来迷惑敌人，吓唬敌人，警告同类。更多鱼类的发光，是为了照明，以便在漆黑的海水深处寻觅食物。

蠕虫的光

在太平洋发现了一种奇怪的海底生物，能从身体中释放明亮的发光物抵御天敌。这些蠕虫能够像战斗机驾驶员那样，在发现被热跟踪导弹追击时发射火球引开导弹的追击。

遇到危险时，这些蠕虫会释放出充满液体的气球，气球会突然爆破形成亮光，照亮数秒，然后光线逐渐消退。科学家相信，这种"炸弹"功能是一种防御武器。在黑暗的深海中闪烁这种绿光可能会让天敌分心，蠕虫从而有机会逃生。科学家在菲律宾群岛、美国西部和墨西哥海域从1千米到4千米深处收集了7种蠕虫，研究人员根据游动能力和"绿色炸弹"给第一种蠕虫取名为Swima bombiviridis。

加州圣地亚哥斯克里普斯海洋学研究所的卡伦·奥斯伯恩说："我们发现了一群新的，相当多的而且是之前我们不曾知道的特殊动物。它们不是稀有动物，我们经常看到它们成百出现。惟一的问题是它们的栖息地，你很难取样。"

这种像蜈蚣一样的蠕虫几乎通体透明，借助身上的长毛游动。5种蠕虫装

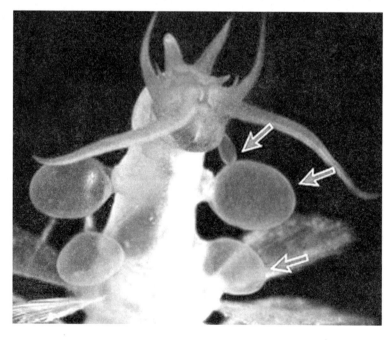

蠕虫释放液体气球

备有"炸弹",这些"炸弹"被认为是由鳃进化而来。斯克里普斯底栖无脊椎动物馆馆长格雷格·鲁斯教授说:"它们的一些近亲有鳃,而且鳃长在和炸弹相同的位置。鳃能轻易脱落,因此,易分离也类似,但是,由于某些原因,鳃逐渐变成了这些发光的可分离的小球。"这些蠕虫是科学家通过遥控无人潜艇在深海发现的。

夜光树

非洲北部有一种夜光树,一到夜晚就成了火树银花,通体闪亮。起初,当地居民还以为它是什么妖魔的化身,十分害怕,谁也不敢靠近。人们甚至称它为恶魔树。但过了很久很久,人们一直没有发现这种树对人有什么危害,慢慢地喜欢上它。如今那里的居民都有意把它移植在门前院后,用来当路灯,还可以借光做事,甚至可以读书看报呢!

据说,这种常绿乔木不仅能在夜里发光,白天也同样能发出光亮,它的光源就在树的根部。它的根部有大量磷质,待变成磷化三氢气体后,从树体里跑出来,一碰上空气中的氧,就能放出一种没有热度、也不能燃烧的冷光来。这种磷光的亮度和树的大小成正比,树愈大,含磷愈多,发出的光也愈强。

灯笼树

我国井冈山地区也有一种能闪闪发光的树,当地人称它为"灯笼树"。它是一种常绿阔叶树,树叶里含有大量磷质。每逢晴天的夜晚,树上荧光点点,恰似高悬着的千万盏小灯笼,为过往行人照明指路。

发光器

发光器,是生物发光的特殊器官,是多数发光动物所具备的构造,是发光活动的效应器。

矿物的光

发磷光的蛇眼石

有些矿石或岩石也会自行发光。古代的印度人发现山上的一些岩石在黑暗里发出蓝色的微光，引来了蛇寻食，当地人就称它为蛇眼石。事实上这些岩石里含有硫化砷和碳氢化合物等物质，白天经过阳光的曝晒发生激化，夜里发出美丽的磷光。

夜明珠

夜明珠系相当稀有的宝物，古称"随珠"、"悬珠"、"垂棘"、"明月珠"等。夜明珠在很多时候都充当着镇国宝器的作用。通常情况下，我们所说的夜明珠是指荧光石、夜光石。古书记载夜明珠用火烧时会发出美丽的光芒。它是大地里的一些发光物质经过了千百万年，由最初的岩浆喷发，到后来的地质运动，集聚于矿石中而成。含有这些发光稀有元素的石头，经过加工，就是人们所说的夜明珠，常有黄绿、浅蓝、橙红等颜色，把荧光石放到白色荧光灯下照一照，它就会发出美丽的荧光，这种发光性明显地表现为昼弱夜强。此外，部分工艺品也利用萤石的特征制作一些冠以"夜明珠"名称的饰品。

夜明珠图一

夜明珠是从矿石中采集而得，它在地球上的分布极为稀少，开采也很困难，所以它显得格外珍贵。据说，在古代希腊、罗马，个别帝王把它镶嵌在宫殿上或者戴在皇冠上，有的皇后、公主把它装饰在首饰上或者放在卧室里，以它作为国宝加以宣扬和赞美。

我国民间流传的"夜明珠"，都有着奇异的发光性能，能在无光的环境中发出各种色泽的晶莹光辉。"夜明珠"在中国5000多年文明史中是最具神秘色彩，最为稀有，最为珍贵的珍宝，并为皇室私有。

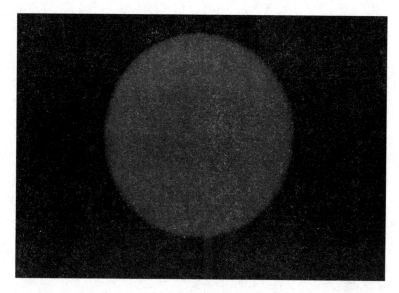

夜明珠图二

为什么夜明珠在夜间会发出强烈而又绮丽的亮光呢？对此众说纷纭。一些宝石学家认为，因为在夜明珠的萤石成分中混入了硫化砷，钻石中混入了碳氢化合物。白天，这两种物质能发生"激化"，到晚上再释放出能量，变成美丽的夜光，并且能在一定的时间内持续发光，甚至永久发光。以上只是一部分专家的看法，不一定全面、准确。

夜明珠还有许多奥秘，至今还没有被专家们了解。据说，有一种叫做水晶夜明珠的，能发出"火焰"般的夜光，但其中的发光物质究竟是什么？至

今还不太清楚。茫茫宇宙，无奇不有，夜明珠之谜，也是一桩千古疑案。自古至今，历代人们常以爱慕、惊异、迷惑不解的心情，对夜明珠津津乐道。古代一些文学作品和民间的一些传说，往往给夜明珠涂抹上一层又一层神秘色彩，编造出一个又一个扣人心弦的神话故事。

光的应用
GUANG DE YINGYONG

　　作为一门学科，光学的逐步建立和完善，实际上和成像光学仪器特别是复合透镜的开发应用是相辅相成的。现今涉及人类各个领域的光学成像仪器，其原理与结构与几百年前大同小异。只不过在使用范围和制造工艺上有了很大的提高，使人们能够"看"得更远，"看"得更小。当今世界上最著名的光学成像设备，首推哈勃空间望远镜，已经拍摄了几十万张天体图像。

　　现代光学已经发展成为一门相互交叉、相互渗透，涉及各个领域的综合性学科。其中包括研究光学成像系统的像差、色差、像散、畸变和校正的成像光学仪器学；研究光的照度、亮度等的光度学；把数字技术和通讯理论相结合的"傅里叶光学"；并且产生了信息光学和纤维光学；还有量子光学、非线性光学、相干光学、激光光谱学等。光学已经成为现代科学技术最活跃的前沿领域之一。

　　人们对光的认识远没有达到十分满意的结果，但人们对光的研究和它的应用却从来没有停止过，特别是近几十年来，光学发展进入了一个日新月异的新时代，无论在发展的速度上还是在发展的规模上都是史无前例的。

电暖气的光学秘密

　　冬天人们用煤气取暖时，不是直接围着煤气灶，而是用特殊材料做成的金属罩，用煤气燃烧加热，让它发出红外线，取暖效果比直接烧煤气时好。如果用电取暖，则是让电通过特制的灯管，其中的金属丝发出红外线，效果也比一般的电炉取暖要好。

　　这是为什么呢？

　　原来发现它的过程中还有一段小故事呢。自学成才的英国天文学家赫歇尔用温度计测量太阳光中什么颜色的光最容易使温度升高。当它把水银温度计放在经过色散后的光谱中时，发现红光中温度升得最快，紫光中温度升得最慢。而特别使他感到奇怪的是，在光谱中红光的外侧，虽然看不见有什么光，温度却升得比在红光中还要快。他猜想，在红光外侧一定有看不见的光存在。以后，好多人进行研究，证实确有光存在，这就是红外线。正因为红外线产生热的效果好，所以才被人们用来制作成取暖器。

　　那么什么是红外线呢？

**利用红外线生热效果好的
原理制造而成的电暖炉**

　　红外线是太阳光线中众多不可见光线中的一种。由英国科学家霍胥尔于1800年发现，又称为红外热辐射。他将太阳光用三棱镜分解开，在各种不同颜色的色带位置上放置了温度计，试图测量各种颜色的光的加热效应。结果发现，位于红光外侧的那支温度计升温最快。因此得到结论：太阳光谱中，红光的外侧必定存在看不见的光线，这就是红外线。太阳光谱上红外线的波长大于可见光线。红外线可分为三部分，即近红外线、中红外线、远红外线。

另外红外线有热效应，并且穿透云雾的能力强。根据这一原理制成的红外线夜视仪是光电倍增管成像，与望远镜原理完全不同，白天不能使用，价格昂贵且需电源才能工作。

　　我们在日常生活中，还可以利用对红外线敏感的胶片照相，这在云遮雾罩的天气里是很有用的。还可以用这种胶片在夜里拍摄景物，只要用两个发热的物体发生红外线，再由被拍摄的物体反射就可以了。

热效应

　　热效应，指物质系统在物理的或化学的等温过程中只做膨胀功时所吸收或放出的热量。根据反应性质的不同，分为燃烧热、生成热、中和热、溶解热等。

报警指示灯为什么是红色

　　在生产和生活的安全装置中，报警指示灯一般都采用红色的。这里面有什么道理呢？还是让我们从光的传播说起。

　　当一束光线斜射入一间黑屋子，由于屋子里空气中尘埃微粒子存在，使我们可以从光线的侧面看到光，这个现象叫光的散射。散射会使光的原来传播方向上的强度减弱。空气中散布着的固态微粒和液态微滴等都能使光束发生散射。

利用红光波长可穿透云雾原理制成的报警器

那么红、橙、黄、绿、蓝、靛、紫各单色光的散射情况又怎样呢？让我们动手做这样一个实验：将一束强光源发出的光经凸透镜变为一束强烈的平行光束射入装满水的玻璃容器，水内加上几滴牛奶成为乳状液，光束通过乳状液发生散射。从正侧方观察时，散射光带青蓝色；从面对入射光方向看，通过容器的光显得比较红，即波长比红光短的蓝光散射强度大，红光由于散射较弱，而比其他各色光具有更强的穿透力。

正是由于红光波长长，能穿过细小的微粒，不易因散射减弱传播能量，用红灯报警传得远，而且可以少受雨、雾、风沙的影响。

此外，红色能很快引起人的视神经的兴奋，使大脑迅速做出反应。

知识点

光的散射

光的散射，光传播时因与物质中分子（原子）作用而改变其光强的空间分布、偏振状态或频率的过程。

当光在物质中传播时，物质中存在的不均匀性（如悬浮微粒、密度起伏）也能导致光的散射（简单地说，即光向四面八方散开）。蓝天、白云、晚霞、彩虹、雾中光、曙光的传播等常见的自然现象中都包含着光的散射现象。

日光灯的原理

作为一种室内照明用灯，日光灯以它独有的魅力占领了相当一部分消费市场。被人们制成柱形或环形的日光灯，加上美丽的装饰外壳，在照明的同时，美化了人们的视觉效果。它是怎样制成并发光的呢？

自然界有很多物质，在受到光的照射后会发出荧光，这类物质称为荧光物质。用光照射使物质发光叫光致发光。日光灯就是一种利用光致发光的照明用灯。

日光灯管实际上是一种低气压放电管。管的两端装有电极，内壁涂有钨酸镁、硅酸锌等荧光物质。制造时抽去空气，充入少量水银和氩气，通电后，管内水银蒸气放电而产生紫外线，所产生的紫外线激发荧光物质，使它发出可见光。不同发光物质受激发会产生不同颜色的光。常见日光灯

日光灯是一种利用光致发光的照明用灯

所发出的光近似日光，其所用荧光物质多为卤磷酸钙。

日光灯所发出的光线很柔和，而且是冷光，发光温度约 40℃ ~ 50℃，发光过程中热损失少。发光效率明显高于白炽电灯。所耗电功率仅为同样明亮程度的白炽灯的 1/3 ~ 1/5。也就是说，一只 15W 的日光灯的亮度相当于一只60W 的白炽灯的亮度。目前，市场上还出售一种电子节能灯，它也是一种荧光灯。但它的发光效率比普通日光灯提高40% 左右，它是把日常日光灯所用 50赫兹、220 伏电压转换成 50 千赫高压电，并激发由稀土元素的化合物配制成的荧光物质而发光的。

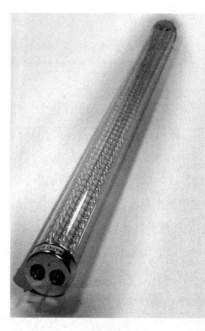

家用日光灯

赫　兹

　　海因里希·鲁道夫·赫兹（1857年2月22日至1894年1月1日），德国物理学家，于1888年首先证实了无线电波的存在。并对电磁学有很大的贡献，故频率的国际单位制单位赫兹以他的名字命名。

　　赫兹早在少年时代就被光学和力学实验所吸引。十九岁入德累斯顿工学院学工程，由于对自然科学的爱好，次年转入柏林大学，在物理学教授亥姆霍兹指导下学习。1885年任卡尔鲁厄大学物理学教授。1889年，接替克劳修斯担任波恩大学物理学教授，直到逝世。赫兹对人类最伟大的贡献是用实验证实了电磁波的存在。

太阳光的利用

　　据记载，人类利用太阳能已有近3000多年的历史。但将太阳能作为一种能源和动力加以利用，只有300多年的历史。真正将太阳能作为"近期急需的补充能源"、"未来能源结构的基础"、则是近来的事。20世纪70年代以来，太阳能科技突飞猛进，太阳能利用日新月异。近代太阳能利用历史可以从1615年法国工程师所罗门·德·考克斯在世界上发明第一台太阳能驱动的发动机算起。该发明是一台利用太阳能加热空气使其膨胀做功而抽水的机器。在1615～1900年之间，世界上又研制成多台太阳能动力装置和一些其他太阳能装置。这些动力装置几乎全部采用聚光方式采集阳光，发动机功率不大，工质主要是水蒸气，价格昂贵，实用价值不大，大部分为太阳能爱好者个人研究制造。

　　太阳能一般指太阳光的辐射能量。在太阳内部进行的由"氢"聚变成"氦"的原子核反应，不停地释放出巨大的能量，并不断向宇宙空间辐射能量，这种能量就是太阳能。太阳内部的这种核聚变反应，可以维持几十亿至上百亿年的时间。太阳向宇宙空间发射的辐射功率为3.8×10^{23}千瓦的辐射值，其中二十亿分之一到达地球大气层。到达地球大气层的太阳能，30%被大气层反射，23%被大气层吸收，其余的到达地球表面，其功率为800000亿千瓦，也就是说太阳每秒钟照射到地球上的能量就相当于燃烧500万吨煤释放的热量。平均在大气外每平方米面积每分钟接受的能量大约1367瓦。广义上的太阳能是地球上许多能量的来源，如风能、化学能、水的势能等。狭义的太阳能则限于太阳辐射能的光热、光电和光化学的直接转换。

太阳能利用的优点是：

（1）普遍：太阳光普照大地，没有地域的限制。无论陆地或海洋，无论高山或岛屿，处处皆有，可直接开发和利用，且无须开采和运输。

（2）无害：开发利用太阳能不会污染环境，它是最清洁的能源之一。在环境污染越来越严重的今天，这一点是极其宝贵的。

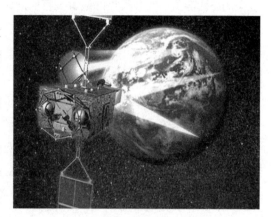

太空太阳能空间站

（3）巨大：每年到达地球表面上的太阳辐射能约相当于130万亿吨标煤，其总量属现今世界上可以开发的最大能源。

（4）长久：根据目前太阳产生的核能速率估算，氢的贮量足够维持上百亿年，而地球的寿命大约还有几十亿年。从这个意义上讲，可以说太阳的能量是用之不竭的。

缺点有：

（1）分散性：到达地球表面的太阳辐射的总量尽管很大，但是能流密度很低。平均说来，北回归线附近，夏季在天气较为晴朗的情况下，正午时太阳辐射的辐照度最大，在垂直于太阳光方向1平方米面积上接收到的太阳能平均有1000瓦左右；若按全年日夜平均，则只有200瓦左右。而在冬季大致

只有一半，阴天一般只有 1/5 左右，这样的能流密度是很低的。因此，在利用太阳能时，想要得到一定的转换功率，往往需要面积相当大的一套收集和转换设备，造价较高。

（2）不稳定性：由于受到昼夜、季节、地理纬度和海拔高度等自然条件的限制，以及晴、阴、云、雨等随机因素的影响，所以，到达某一地面的太阳辐照度既是间断的，又是极不稳定的，这给太阳能的大规模应用增加了难度。为了使太阳能成为连续、稳定的能源，从而最终成为能够与常规能源相竞争的替代能源，就必须很好地解决蓄能问题，即把晴朗白天的太阳辐射能尽量贮存起来，以供夜间或阴雨天使用，但目前蓄能也是太阳能利用中较为薄弱的环节之一。

（3）效率低和成本高：目前太阳能利用的发展水平，有些方面在理论上是可行的，技术上也是成熟的。但有的太阳能利用装置，因为效率偏低，成本较高，总的来说，经济性还不能与常规能源相竞争。在今后相当长一段时期内，太阳能利用的进一步发展，主要受到经济性的制约。

太阳能几大产品介绍

太阳能热水器

太阳能热水器

太阳能热水器是利用太阳的能量将水从低温度加热到高温度的装置，是一种热能产品。太阳能热水器是由全玻璃真空集热管、储水箱、支架及相关附件组成，把太阳能转换成热能主要依靠玻璃真空集热管。集热管受阳光照射面温度高，集热管背阳面温度低，而管内水便产生温差反应，利用热水上浮冷水下沉的原理，使水产生微循环而达到所需热水。

太阳能电池

太阳能发电方式有两种，一种是光—热—电转换方式，另一种是光—电直接转换方式。

太阳能电池

（1）光—热—电转换方式。通过利用太阳辐射产生的热能发电，一般是由太阳能集热器将所吸收的热能转换成工质的蒸气，再驱动汽轮机发电。前一个过程是光—热转换过程；后一个过程是热—电转换过程，与普通的火力发电一样。太阳能热发电的缺点是效率很低而成本很高，估计它的投资至少要比普通火电站贵 5～10 倍。一座 1000 兆瓦的太阳能热电站需要投资 20 亿～25 亿美元，平均 1 千瓦的投资为 2000～2500 美元。因此，目前只能小规模地应用于特殊的场合，而大规模利用在经济上很不合算，还不能与普通的火电站或核电站相竞争。

（2）光—电直接转换方式。该方式是利用光电效应，将太阳辐射能直接转换成电能，光—电转换的基本装置就是太阳能电池。太阳能电池是一种由于光生伏特效应而将太阳光能直接转化为电能的器件，是一个半导体光电二

极管，当太阳光照到光电二极管上时，光电二极管就会把太阳的光能变成电能，产生电流。当许多个电池串联或并联起来就可以成为有比较大的输出功率的太阳能电池方阵了。太阳能电池是一种大有前途的新型电源，具有永久性、清洁性和灵活性三大优点：太阳能电池寿命长，只要太阳存在，太阳能电池就可以一次投资而长期使用；与火力发电、核能发电相比，太阳能电池不会引起环境污染；太阳能电池可以大中小并举，大到百万千瓦的中型电站，小到只供一户用的太阳能电池组，这是其他电源无法比拟的。

太阳能空调

太阳能空调是利用先进的超导传热贮能技术，集成了太阳能、生物质能、超导地源制冷系统的优点，最新研发成功的一种高效节能的冷暖空调系统。

太阳能空调

该系统的核心技术采用了专业设计的超导复合能量储存转换器，它的输入端可以连接到太阳能集热板、生物质热能发生器、超导地源低温制冷系统。它的输出端与室内超导冷暖分散系统相连接。所有的连接设备，均采用温控系统集中自动控制，是冬季采暖、夏季制冷的节能环保产品。

太阳能汽车

太阳能发电在汽车上的应用，将能够有效降低全球环境污染，创造洁净的生活环境，随着全球经济和科学技术的飞速发展，太阳能汽车作为一个产业已经不是一个神话。燃烧汽油的汽车是城市中一个重要的污染源，汽车排放的废气包括二氧化硫和氮氧化物都会引致空气污染，影响我们的健康。现在各国的科学家正致力开发产生较少污染的电动汽车，希望可以取代燃烧汽

太阳能汽车

油的汽车。但由于现在各大城市的主要电力都是来自燃烧化石燃料的，使用电动汽车会增加用电的需求，即间接增加发电厂释放的污染物。有鉴于此，一些环保人士就提倡发展太阳能汽车，太阳能汽车使用太阳能电池把光能转化成电能，电能会在电池中存起备用，用来推动汽车的电动机。由于太阳能车不用燃烧化石燃料，所以不会放出有害物。据估计，如果由太阳能汽车取代燃汽车辆，每辆汽车的二氧化碳排放量可减少43%~54%。

核聚变

核聚变是指由质量小的原子，主要是指氘或氚，在一定条件下（如超高温和高压），发生原子核互相聚合作用，生成新的质量更重的原子核，并伴随着巨大的能量释放的一种核反应形式。

弯曲的光线

1870 年的一天，英国皇家学会的演讲厅内座无虚席。物理学家丁达尔从容地走上讲台，他清了清嗓子说："几个月之前有位朋友告诉我，从酒桶里流出来的酒竟会熠熠发光，真是不可思议。我听了之后也觉得奇怪，诸位对此也一定存有疑虑，所以我先来演示一番。"说着，他走到放在讲桌上的水桶旁，拔掉塞在水桶侧面孔上的木塞，并用光从水桶上面向水面照明。观众们都出乎意料地看到了这样的奇迹：发光的水从水桶的小孔里流了出来，水流弯曲，光线也跟着弯曲，光居然被弯弯曲曲的水俘获了。这究竟是为什么呢？难道光线不再是直线了吗？丁达尔接着解释说："原来这是全反射起的作用。表面上看，光好像走着弯路，实际上光是在弯曲的水流的内表面发生了多次的反射，光走过的是一条曲曲折折的折线哩！"

其实，光线在通过强引力场附近时会发生弯曲，这是广义相对论的重要预言之一。然而通过直接面对大众的媒体和一些科学文化类书籍，广义相对

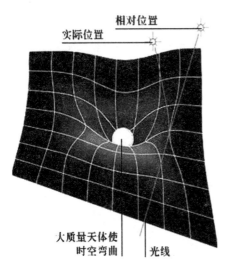

光线弯曲示意图

论光线弯曲预言的验证，往往被戏剧化、简单化和夸张地再现给观众和读者。譬如在一部艺术地再现爱因斯坦一生的法国电影《爱因斯坦》中，有这样一个镜头，1919 年秋季某一天在德国柏林，爱因斯坦举着一张黑乎乎的照相底片，对普朗克说：（大意）多么真实的光线弯曲啊，多么漂亮的验证啊！

围绕光线弯曲的预言和证实，有以下三个方面的史实容易产生混淆。在叙述验证光线弯曲预言的真实历史之前，先分别作简要澄清。

首先，光线弯曲不是广义相对论独有的预言。早在 1704 年，持有光微粒说的牛顿就提出，大质量物体可能会像弯曲其他有质量粒子的轨迹一样，使光线发生弯曲。一个世纪后法国天体力学家拉普拉斯独立地提出了类似的看法。1804 年，德国慕尼黑天文台的索德纳根据牛顿力学，把光微粒当做有质量的粒子，预言了光线经过太阳边缘时会发生 0.875 角秒的偏折。但是在 18 世纪和 19 世纪，光的波动说逐渐占据上风，牛顿、索德纳等人的预言没有被认真对待。

1911 年，时为布拉格大学教授的爱因斯坦才开始在他的广义相对论框架里计算太阳对光线的弯曲，当时他算出日食时太阳边缘的星光将会偏折 0.87 角秒。1912 年回到苏黎世的爱因斯坦发现空间是弯曲的，到 1915 年已在柏林普鲁士科学院任职的爱因斯坦把太阳边缘星光的偏折度修正为 1.74 角秒。

其次，需要观测来检验的不只是光线有没有弯曲，更重要的是光线弯曲的量到底是多大，并以此来判别哪种理论与观测数据符合得更好。这里非常关键的一个因素就是观测精度。即使观测结果否定了牛顿理论的预言，也不等于就支持了广义相对论的预言。只有观测值在允许的误差范围内与爱因斯坦的预言符合，才能说观测结果支持广义相对论。20 世纪 60 年代初，有一种新的引力理论——布兰斯—迪克理论也预言星光会被太阳偏折，偏折量比广义相对论预言的量小 8%。为了判别广义相对论和布兰斯—迪克理论哪个更符合观测结果，对观测精度就提出了更高的要求。

第三，光线弯曲的效应不可能用眼睛直观地在望远镜内或照相底片上看到，光线偏折的量需要经过一系列的观测、测量、归算后得出。要检验光线通过大质量物体附近发生弯曲的程度，最好的机会莫过于在发生日全食时对太阳所在的附近天区进行照相观测。在日全食时拍摄若干照相底片，然后等若干时间（最好半年）之后，太阳远离了发生日食的天区，再对该天区拍摄若干底片。通过对前后两组底片进行测算，才能确定星光被偏折的程度。

在广义相对论光线弯曲预言的验证历史上，一个重要的人物就是英国物理学家爱丁顿。1915 年，爱因斯坦给出太阳边缘恒星光线弯曲的最后结果时，正值第一次世界大战各方交战正酣。处在敌对国家中的爱丁顿通过荷兰人了

解到了爱因斯坦理论，并对检验广义相对论关于光线弯曲的预言十分感兴趣。一战结束后，爱丁顿说动了英国政府资助在1919年5月29日发生日全食时进行检验光线弯曲的观测。英国人为那次日食组织了两个观测远征队，一队到巴西北部的索布拉尔；另一队到非洲几内亚海湾的普林西比岛。爱丁顿参加了后一队，但他的运气比较差，日全食发生时普林西比的气象条件不是很好。1919年11月6日，英国人宣布光线按照爱因斯坦所预言的方式发生偏折。

但是这一宣布是草率的，因为两支观测队归算出来的最后结果受到后来研究人员的怀疑。天文学家们明白，在检验光线弯曲这样一个复杂的观测中，导致最后结果产生误差的因素很多。其中影响很大的一个因素是温度的变化，温度变化导致大气扰动的模型发生变化、望远镜聚焦系统发生变化、照相底片的尺寸因热胀冷缩而发生变化，这些变化导致最后测算结果的系统误差大大增加。

底片的成像质量也影响最后结果。1919年7月在索布拉尔一共拍摄了26

弯曲时空示意图

张比较底片，其中 19 张由格林尼治皇家天文台的天体照相仪拍摄。这架专门用于天体照相观测的仪器聚焦系统出了一点问题，所拍摄的底片质量较差，另一架 4 英寸的望远镜拍摄了 7 张成像质量较好的底片。按照前 19 张底片归算出来的光线偏折值是 0°93″，按照后 7 张底片归算出来的光线偏折值却远远大于爱因斯坦的预言值。最后公布的值是所有 26 张底片的平均值，只不过前 19 张底片的加权值取得较小。1929 年德国的研究人员对英国人的观测结果进行验算后发现，如果去掉其中一颗恒星，譬如成像不好的恒星，会大大改变最后结果。

后来 1922 年、1929 年、1936 年、1947 年和 1952 年发生日食时，各国天文学家都组织了检验光线弯曲的观测，公布的结果与广义相对论的预言有的符合较好，有的则严重不符合。但不管怎样，到 20 世纪 60 年代初，天文学家开始确信太阳对星光确有偏折，并认为爱因斯坦预言的偏折量比牛顿力学所预言的更接近于观测。但是广义相对论的预言与观测结果仍有偏差，爱因斯坦的理论可能需要修正。

显像管的秘密

简单地讲，显像管是运用了三原色的原理。三原色是指七色光中有三种颜色的光是最基本的，其他颜色的光可以用这三种色光混合得到。而这三种色光却不可能靠其他色光混合得到。这三原色就是红、绿、蓝。例如，将红光与绿光混合起来可以得到黄光；将红光和蓝光混合起来可以得到紫

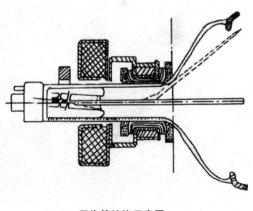

显像管结构示意图

光；将绿光与蓝光混合起来可以得到青光；如果红光多些，绿光少些，混合起来可得到橙光。

自然界形形色色的物体，颜色并不只有七种。像红中还分橘红、大红、洋红、玫瑰红、紫酱红等；绿又分墨绿、苹果绿、湖绿等。它们主要决定于三原色各占多少份额，同时也看其中混有多少白光，有多亮。幸亏我们找到了组成各种色彩的三种基本色，于是，彩色电视机的显像管中只要三根由红、绿、蓝三种电子枪就够了，由这三束电子束分别激活这三种颜色的磷光涂料，以不同强度的电子束调节三种颜色的明暗程度就可得到所需的颜色，它们每一根使电视屏幕现一种原色，靠这三原色组成了色彩丰富的图像。

红外线的应用

红外线和普通可见光一样，属于一定波长范围的电磁波。它不能引起视觉，但有显著的热效应，给人以热的感觉，容易被物体吸收而转化为内能，有较强的穿透能力和衍射能力。自然界任何物体都会不断向外发射红外线。

红外摄像机

由于红外线容易被物体吸收，广泛应用于加热和烘干食品、油漆、木材、粮食等。在机械、纺织、皮革、造纸、印刷、化工、电子、畜牧等领域有很多应用。由于任何物体都在不断向外发射红外线，且红外线衍射能力强，所以被广泛应用于遥感探测、红外摄影等。如在漆黑的夜晚，用红外摄影可拍摄演出时的大型群体像。

千里眼——红外线遥感

自从 1800 年英国物理学家赫谢尔发现红外线至今，人们对这种虽不能引起人的视觉，但有着显著热效应的不可见光的研究热度不减。研究表明，自然界的一切物质都能自动地向外辐射红外线，不同物质在不同波长上的辐射情况不同。所辐射的红外线由于其波长长而容易发生明显衍射，可在大气中透过云雾、烟尘而传播几千千米的距离。如果用对红外线敏感的物质做成探测器，吸收物体辐射出的红外线，然后用电子仪器对接收到的信号进行处理，就可得到物体的特征，这种技术叫红外线遥感。

红外遥感是指传感器工作波段限于红外波段范围之内的遥感。探测波段一般在 0.76～1000 微米之间，是应用红外遥感器（如红外摄影机、红外扫描仪）探测远距离外的植被等地物所反射或辐射红外特性差异的信息，以确定地面物体性质、状态和变化规律的遥感技术。

用于红外遥感的传感器有：①黑白红外摄影、彩色红外摄影；②红外扫描仪；③红外辐射计。因为红外遥感在电磁波谱红外谱段进行，主要感

通过红外遥感技术所探测到的地面资料

受地面物体反射或自身辐射的红外线，有时可不受黑夜限制。又由于红外线波长较长，大气中穿透力强，红外摄影时不受烟雾影响，透过很厚的大气层

仍能拍摄到地面清晰的相片。

红外线遥感使我们变成了"千里眼"，让我们能够拨开云雾从太空俯视地球的真正面目。人造卫星上的遥感装置可以不分昼夜地为我们提供所探测到的信息资料。除此而外，红外线遥感还具有观察范围大、获取资料速度快等优点。

近十几年来，遥感技术发展迅速，应用范围越来越广，在农业、地质、海洋、气象等方面都得到广泛应用。一张机场的红外扫描图像可以告诉我们哪些飞机正在发动，哪些刚刚降落。利用红外线遥感，能帮助人们及时发现隐伏在森林中的火源，监视森林火灾的分布和蔓延趋势，为人们采取抢救措施提供第一手资料。利用红外遥感可以寻找地热、发现温泉、探明海水深度分布。从一张洞庭湖的遥感照片上，能分析出湖内泥沙主要来源是长江，这对治理洞庭湖有很大价值。对红外线遥感图像的色调进行分析，可以帮助人们发现农作物病虫害的情况。在遥感照片上，健康作物呈鲜红色，而受害作物却呈暗紫色。利用红外遥感图像，还可以分析暖流和寒流的推移，预报台风和寒潮的到来时间。

红外线遥感技术还能用来导航和探测其他星球的情况，其应用前景是十分广阔的。

红外线在军事上的用途

红外线在军事上的应用十分广泛，军用红外技术现可用于目标探测、通信和夜视。

首先是军事目标的探测与跟踪。红外探测技术有广泛的用途，其根本原因之一就在于一切物体都在不断地产生红外辐射。物体温度越高，其红外辐射的波长就越短。利用红外探测技术，就有可能发现这些物体。这一可能性首先受到军事上的重视。因为一切军事目标，如空中的飞机、导弹，海洋中的军舰，甚至部队的行动，都散发热量，发出大量的红外辐射。利用红外探测技术可以侦察、跟踪和监视这些目标，或者引导炸弹投向这些目标。

人类利用火箭将世界上最大的红外线望远镜送入太空

其次，红外通信。在发射端，用红外辐射的平行光束作载波，其强度受发送信息的调制。在接收端收到这束红外辐射时，就能从强度的变化获得所需的信息。与微波通信相比，红外通信具有更好的方向性，适用于国防边界哨所与哨所之间的保密通信。

再次，军用夜视仪。在夜间军事行动中用来"照明"或侦察敌方行动的仪器。这种夜视仪有着广泛的用途，但其缺点是易为对方发现。被动式夜视仪则是利用目标本身发射的辐射，利用单元红外探测器加光机扫描或多元列阵探测器摄取目标的热图像，并转变成可见图像显示出来。这种夜视仪，实质上就是

夜视仪，是利用红外线可夜里观察
原理制成的探视装置

热像仪。根据军事上的需要，红外成像装置有各种不同形式的发展，热像仪就是这类装置的总称。

激光的应用

我们知道，由激光器产生的光叫激光。激光有三大特点：第一是亮度极高，比太阳的光亮度高 100 万倍；第二是方向性好，激光器产生的光几乎是一束理想的平行光；第三是单色性好，激光器产生的某一波长的单色光，其波长浮动范围极小。

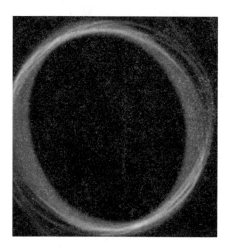

激光示意图一

激光是在一种专门设计的激光器中产生的。激光器主要由激励系统、激光物质和光学谐振腔三部分组成。简单说，激励系统的作用就是为能产生激光创造条件、提供能量，激光物质就是能产生激光的物质（如红宝石、钕玻璃、氖气、半导体等）。

在工业上，激光可以轻而易举地切割几厘米厚的钢板，能把陶瓷和金属焊接在一起，能在一块茶杯口大小的面积上钻出上万个比头发丝还细的小眼。激光还被应用到光纤通讯之中。

激光加工技术是利用激光束与物质相互作用的特性对材料（包括金属与非金属）进行切割、焊接、表面处理、打孔、微加工以及作为光源、识别物体等的一门技术，传统应用最大的领域为激光加工技术。激光技术是涉及光、机、电、材料及检测等多门学科的一门综合技术。传统上看，它的研究范围一般可分为：

激光加工系统。包括激光器、导光系统、加工机床、控制系统及检测系统。

激光加工工艺。包括切割、焊接、表面处理、打孔、打标、画线、微调等各种加工工艺。

激光焊接：汽车车身厚薄板、汽车零件、锂电池、心脏起搏器、密封继电器等密封器件以及各种不允许焊接污染和变形的器件。

激光切割：汽车行业、计算机、电气机壳、木刀模业、各种金属零件和特殊材料的切割、圆形锯片、压克力、弹簧垫片、2毫米以下的电子机件用铜板、一些金属网板、钢管、镀锡铁板、镀亚铅钢板、磷青铜、电木板、薄铝合金、石英玻璃、硅橡胶、1毫米以下氧化铝陶瓷片、航天工业使用的钛合金等。

激光打标：在各种材料和几乎所有行业均得到广泛应用。

激光打孔：激光打孔主要应用在航空航天、汽车制造、电子仪表、化工等行业。国内目前比较成熟的激光打孔的应用是在人造金刚石和天然金刚石拉丝模的生产及钟表和仪表的宝石轴承、飞机叶片、多层印刷线路板等行业的生产中。

激光热处理：在汽车工业中应用广泛，如缸套、曲轴、活塞环、换向器、齿轮等零部件的热处理，同时在航空航天、机床行业和其他机械行业也应用广泛。我国的激光热处理应用远比国外广泛得多。

激光快速成型：将激光加工技术和计算机数控技术及柔性制造技术相结合而形成。多用于模具和模型行业。

激光示意图二

激光测速仪

激光涂敷：在航空航天、模具及机电行业应用广泛。

美国得克萨斯州大学的科学家研制出世界上功率最强大的可操作激光，这种激光每万亿分之一秒产生的能量是美国所有发电厂发电量的 2000 倍，输出功率超过 1 皮瓦——相当于 10×10^{14} 瓦。这种激光第一次启动是在 1996 年。马丁尼兹说，希望他的项目能够在 2008 年打破这一纪录，也就是说，让激光的功率达到 $1.3 \sim 1.5$ 皮瓦之间。超级激光项目负责人麦卡尔·马丁尼兹表示："我们可以让材料进入一种极端状态，这种状态在地球上是看不到的。我们打算在德州观察的现象相当于进入太空观察一颗正在爆炸的恒星。"

激光测速是对被测物体进行两次有特定时间间隔的激光测距。

取得在该一时段内被测物体的移动距离，从而得到该被测物体的移动速度。

因此，激光测速具有以下几个特点：

（1）由于该激光光束基本为射线，估测速距离相对于雷达测速有效距离远，可测 1000 米外。

（2）测速精度高，误差小于 1 千米。

（3）鉴于激光测速的原理，激光光束必须要瞄准垂直与激光光束的平面反射点，又由于被测车辆距离太远，且处于移动状态，或者车体平面不大，而导致激光测速成功率低、难度大，特别是执勤警员的工作强度很大、很易疲劳。

（4）鉴于激光测速的原理，激光测速器不可能具备在运动中使用，只能在静止状态下应用。因此，激光测速仪不能称之为"流动电子警察"。在静止状态下使用时，司机很容易发现有检测，因此达不到预期目的。

（5）价格昂贵，现在经过正规途径进口的激光测速仪（不含取景和控制部分）价格至少在 1 万美金左右。

激光标记相比传统标记方式（如喷墨、腐蚀、电火花、冲压、丝网印刷等）具有以下特点：

（1）能标记任意图形、文字、条形码、二维码，可实现自动编号，打印序列号、批号、日期。

（2）激光标记后，不会因环境关系（如潮湿、酸性及碱性）自然消退，而是永久保持，不易被人假冒，具有良好的防伪功能。

（3）无刀具磨损，无毒，无环境污染，高环保。

（4）标记质量好——属于非接触式加工，对加工材料不产生机械应力，不损坏被加工物品，精确、精美。

（5）可进行超精微细图文标记。

（6）图文精美、加工快捷、个性化设计。

其主要应用范围：金银首饰、钟表、眼镜、服饰、餐具、烟酒、饮料、礼品、模具、医疗器械、仪表仪器、卫生洁具、办公用品、家居用品、五金工具、灯光音响、商标标牌、电子元件、汽车制造及航天航空等行业。

激光通信，是激光在大气空间传输的一种通信方式。激光大气通信的发送设备主要由激光器（光源）、光调制器、光学发射天线（透镜）等组成；接收设备主要由光学接收天线、光检测器等组成。

信息发送时，先转换成电信号，再由光调制器将其调制在激光器产生的激光束上，经光学天线发射出去。信息接收时，光学接收天线将接收到的光信号聚焦后，送至光检测器恢复成电信号，在还原为信息。大气激光通信的容量大、保密性好，不受电磁干扰。但激光在大气中传输时受雨、雾、雪、霜等影响，衰耗要增大，故一般用于边防、海岛、跨越江河等近距离通信，以及大气层外的卫星间通信和深空通信。

1988 年，巴西宣布研制成功一种便携式半导体激光大气通信系统。这种通过激光器联络线路的军用红外通信装置，其外形如同一架双筒望远镜，在上面安装了激光二极管和麦克风。使用时，一方将双筒镜对准另一方即可实

现通信，通信距离为 1 千米，如果将光学天线固定下来，通信距离可达 15 千米。1989 年，美国成功地研制出一种短距离、隐蔽式的大气激光通信系统。1990 年，美国试验了适用于特种战争和低强度战争需要的紫外光波通信，这种通信系统完全符合战术任务的要求，通信距离为 2～5 千米；如果对光束进行适当处理，通信距离可达 5～10 千米。

20 世纪 90 年代初，俄罗斯研制成功了大功率半导体激光器，并开始了激光大气通信系统技术的实用化研究。不久便推出了 10 千米以内的半导体激光大气通信系统并在莫斯科、瓦洛涅什、图拉等城市应用。在瓦涅什河两岸相距 4 千米的两个电站之间，架设起了半导体激光大气通信系统。该系统可同时传输 8 路数字电话。在距离瓦洛涅什城约 200 千米以及在距莫斯科不远的地方，也开通了半导体激光大气通信系统线路。

随着半导体激光器的不断成熟、光学天线制作技术的不断完善、信号压缩编码等技术的合理使用，激光大气通信正重新焕发出生机。

激光的军事用途

我国古代传说中就有"用光杀人"的记载。《封神演义》中有"哼""哈"二将，可从鼻中喷出光来，使敌人丧命。科学幻想中也早有"魔光"、"死光"之说。但只有到 1960 年出现激光后，这些幻想才变成了现实。

1975 年 10 月 18 日，美国北美防空司令部一片混乱。事情是从一个报警电话开始的。

"哈罗，我是控制中心的监测员。我们在印度洋上空的 647 预警卫星的在外探测器，受到来自苏联西部的强红外闪光的干扰，不能正常工作。"

这是怎么回事？

最初，人们从自然原因分析，认为可能是流星群的强光干扰，或者是苏联的天然气管道破裂失火，形成强光。

"这不可能。"北美防空司令部的高级参谋反驳说，"我们的卫星有滤光镜，它对自然光不敏感。流星群每月都有，卫星从来不受干扰……"

"据估计，这次神秘的闪光，比洲际导弹发射的光强要大 1 千倍。天然气管道失火绝不可能有如此强光发射……"另一个参谋说。

"也许是苏联研制出了新的激光武器。"一位军官说出了大家最担心的一句话。

"天哪，但愿不是这样。"有人喊道。

这场风波尚未平息，一个月后，即1975年11月17日、18日两天，美国空军的两颗数据中继卫星，由于受来自苏联的红外干扰，又停止了工作。据检查，是红外姿态控制仪失灵。

很快，"苏联激光武器攻击并破坏了美国卫星"的消息，像一场台风，席卷了整个美国，在全世界也引起了强烈震动。

美国官方想稳定一下国内的慌乱情绪。国防部长拉姆斯菲尔德召开记者招待会，宣布说："我看到了报纸的报道，关于激光武器的使用，经调查，没有情报能够证实。"

但纸包不住火。几句安慰的话丝毫没有平息舆论的压力。1980年5月22日，美国负责公共事务的助理国防部长兼五角大楼发言人托马斯·罗斯，在新闻发布会上说：

"中央情报局和其他情报部门业已查明，苏联正在研制一种能够摧毁卫星的激光武器系统。"他接着又说："但是，这项研究在美国也在进行着。苏联在达到的功率方面也许稍稍领先。"

上述事件讲的便是激光武器的威力。那么，什么是激光武器呢？

激光武器是一种利用定向发射的激光束直接毁伤目标或使之失效的定向能武器。根据作战用途的不同，激光武器可分为战术激光武器和战略激光武器两大类。武器系统主要由激光器和跟踪、瞄准、发射装置等部分组成。目前通常采用的激光器有化学激光器、固体激光器、CO_2激光器等。

激光武器具有攻击速度快、转向灵活、可实现精确打击、不受电磁干扰等优点，但也存在易受天气和环境影响等弱点。激光武器已有30多年的发展历史，其关键技术也已取得突破。美国、俄罗斯、法国、以色列等国都成功进行了各种激光打靶试验。目前，低能激光武器已经投入使用，主要用于干扰和致盲较近距离的光电传感器，以及攻击人眼和一些增强型观测设备；高

激光枪

能激光武器主要采用化学激光器。

激光武器的分类是怎样的呢？

不同功率密度，不同输出波形，不同波长的激光，在与不同目标材料相互作用时，会产生不同的杀伤破坏效应。用激光作为"死光"武器，不能像在激光加工中那样借助于透镜聚焦，而必须大大提高激光器的输出功率，作战时可根据不同的需要选择适当的激光器。目前，激光器的种类繁多，名称各异，有体积整整占据一幢大楼、功率为上万亿瓦、用于引发核聚变的激光器；也有比人的指甲还小、输出功率仅有几毫瓦、用于光电通信的半导体激光器。按工作介质区分，目前有固体激光器、液体激光器和分子型、离子型、准分子型的气体激光器等。同时，按其发射位置可分为天基、陆基、舰载、车载和机载等类型，按其用途还可分为战术型和战略型两类。

战术激光武器是利用激光作为能量，是像常规武器那样直接杀伤敌方人员、击毁坦克、飞机等，打击距离一般可达20千米。这种武器的主要代表有激光枪和激光炮，它们能够发出很强的激光束来打击敌人。

1978年3月，世界上的第一支激光枪在美国诞生。激光枪的样式与普通步枪没有太大区别，主要由四大部分组成：激光器、激励器、击发器和枪托。目前，国外已有一种红宝石袖珍式激光枪，外形和大小与美国的派克钢笔相当。但它能在距人几米之外烧毁衣服、烧穿皮肉，且无声响，在不知不觉中致人死命，并可在一定的距离内，使火药爆炸，使夜视仪、红外或激光测距仪等光电设备失效。还有七种稍大重量与机枪相仿的小巧激光枪，能击穿钢盔，在 1500 米的距离上烧伤皮肉、致瞎眼睛等。

战术激光武器的"挖眼术"不但能造成飞机失控、机毁人亡，或使炮手丧失战斗能力，而且由于参战士兵不知对方激光武器会在何时何地出现，常常受到沉重的心理压力。因此，激光武器又具有常规武器所不具备的威慑作用。1982 年英阿马岛战争中，英国在航空母舰和各类护卫舰上就安装有激光致盲武器，曾使阿根廷的多架飞机失控、坠毁或误入英军的射击火网。

战略激光武器可攻击数千千米之外的洲际导弹；可攻击太空中的侦察卫

美国机载激光武器

星和通信卫星等。例如，1975 年 11 月，美国的两颗监视导弹发射井的侦察卫星在飞抵西伯利亚上空时，被苏联的"反卫星"陆基激光武器击中，并变成"瞎子"。因此，高基高能激光武器是夺取宇宙空间优势的理想武器之一，也是军事大国不惜耗费巨资进行激烈争夺的根本原因。据外刊透露，自上世纪 70 年代以来，美俄两国都分别以多种名义进行了数十次反卫星激光武器的试验。

目前，反战略导弹激光武器的研制种类有化学激光器、准分子激光器、自由电子激光器和调射线激光器。例如：自由电子激光器具有输出功率大、光束质量好、转换效率高、可调范围宽等优点。但是，自由电子激光器体积庞大，只适宜安装在地面上，供陆基激光武器使用。作战时，强激光束首先射到处于空间高轨道上的中断反射镜，中断反射镜将激光束反射到处于低轨道的作战反射镜，作战反射镜再使激光束瞄准目标，实施攻击。通过这样的两次反射，设置在地面的自由电子激光武器，就可攻击从世界上任何地方发射的战略导弹。

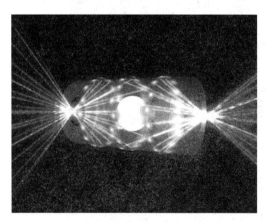

美国建成世界最大激光器

高基高能激光武器是高能激光武器与航天器相结合的产物。当这种激光器沿着空间轨道游弋时，一旦发现对方目标，即可投入战斗。由于它部署在宇宙空间，居高临下，视野广阔，更是如虎添翼。在实际战斗中，可用它对对方的空中目标实施闪电般的攻击，以摧毁对方的侦察卫星、预警卫星、通信卫星、气象卫星，甚至能将对方的洲际导弹摧毁在助推的上升阶段。

据中国科学院消息，经过中国科学院物理所王树铎研究开发小组人员的努力，首次实现了对大面积准分子激光能量的直接测量。其有效测量直径达 100 毫米，在热释电型激光探测器的尺寸上为世界之最。经过与中国原子能科学研究院的有关专家合作以及在国家实验室进行的试验表明，此系统在不同能量区域（10-20J 和 100-200mJ）均达到了预期的技术指标。

据介绍，激光聚变研究是一个很有发展前途的能源开发课题，激光可控热核聚变反应必将给人类生活带来新的转折。激光聚变在军事科学研究中也具有重要意义。在激光聚变实验，特别是在间接驱动聚变研究中，为了生产强大的辐射驱动场，人们正在追求高的 X 光转换效率，良好的辐射输运环境，最佳的辐射驱动场。在这些研究过程中，对准分子激光的能量进行直接监测和研究是非常重要的。

该项研究成果表明，该项目的研究开发，除了有实力对已开发的产品市场不断开拓外，对国家正在发展的应用需求项目也具备了承担和开发能力。

激 光

激光，最初的中文名叫做"镭射"、"莱塞"，是它的英文名称 LASER 的音译，是取自英文 Light Amplification by Stimulated Emission of Radiation 的各单词头一个字母组成的缩写词，意思是"通过受激发射光扩大"。激光的英文全名已经完全表达了制造激光的主要过程。1964 年按照我国著名科学家钱学森建议将"光受激发射"改称"激光"。

激光是 20 世纪以来，继原子能、计算机、半导体之后，人类的又一重大发明，被称为"最快的刀"、"最准的尺"、"最亮的光"和"奇异的激光"。它的亮度为太阳光的 100 亿倍。

光 纤

人们很早就已发现弯曲的玻璃可以传光。在一个不透光的暗箱中安装一只电灯，把一根弯曲的玻璃棒的上端插入箱中，打开电灯，在棒的下端会有

光线射出。这是因为从上端进入棒的光线在棒的内壁多次发生全反射，沿着锯齿形的路线顺玻璃棒传到了棒的下端。

按照这一原理，人们制造出一种特殊的玻璃丝。先用石英为原料制成直径只有几微米到几十微米的细丝内芯，再在细丝的外面包上一层折射率比它小的材料制成的外套，光线在内芯和外套的界面上发生全反射，传播途中就不会因漏射而损失入射光的能量，这就是光导纤维，简称光纤。

光纤出现后，很快被人们用在光信号的远距离传送上。实现了光信号的有线传送，这就是光纤通信。

一根光纤只能传送一个很小的光点，若把数以万计的光纤整齐排列，形成一束规则排列的光缆，光缆两端光纤排列的相对位置相同，就可以传送光信号图像了。光缆不仅能远距离传送图像，还能传送声音（光纤电话）。在声音的发送端，通过声电转换和电光转换，把声音信号转变成强弱变化的光信号，通过光缆传到接收端，接收端再通过相应的转换，把光信号还原成声音

利用弯曲玻璃可以传光的原理制成的光纤

信号。

光纤通信最大的优点是信息容量大。一根头发丝那么细的光纤维可以传送 625 根铜导线所能传送的电话。一条光通讯线路，可通一亿路电话，就是说，两亿人可同时通过一条线路讲话而互不干扰，且很清晰。除此而外，光缆还具有成本低、质量轻、铺设方便、保密性强的优点。国内外已有许多城市实现了光纤通信，新铺设的海底光缆跨越大洋两岸。我国第一条通信光缆已于 1993 年 10 月 15 日在京开通，全长 3074 千米，连接北京、广州、武汉三大城市。全面应用光纤通信的时代已经向我们走来。

望远镜

在了解军用望远镜之前，我们首先了解下它的历史。透过历史，或许会看到很多有趣的东西。

流入我国的第一具望远镜是明天启六年（1626 年）由德国传教士汤若望携带入京的。汤若望和李祖白两人共同翻译了《远镜说》一书，把西方望远镜的制作方法介绍到中国。明崇祯二年（1629 年），大学士徐光启奏请装配三具望远镜来测天象，由汤若望监制的望远镜崇祯皇帝还去看过。中国民间较早独立制造望远镜，见诸记载的是明末苏州人孙云球。据康熙《吴县志》载，登上虎丘用孙云球自制的"千里镜"试看，"远见城中楼台、塔院、若接几席，天平、灵岩、穹窿诸峰，峻赠苍翠万，象毕见。"

中国最早将望远镜用于军事的则是明末苏州人薄珏，薄珏创造性地把望远镜放置在自制的火炮上，提高了射击精度。清代特别是鸦片战争之后，外国的望远镜逐渐进入中国。如清康乾时期的宫迁画师郎世宁所绘香妃戎装像上，顶盔贯甲的香妃就令人瞩目地握着一具单筒望远镜。从 1859 年英国人俄李范所著《跟随额尔金勋爵出使中国日本亲历记》一书的插图可知，当时入侵广州的英法联军所使用的是单筒伽利略式望远镜。

1937 年 5 月，国民党军政部兵工署军用光学器材厂筹务处按照荷兰的图

纸资料，在 3 个月的时间内仿造出荷兰式三倍直筒望远镜样品。同年，柏林大学公费留学生龚祖同奉命到德国亨索尔茨厂实习，在威德特教授的指导下，与金广路一起设计了 6×30（放大倍率 6 倍，物镜直径 30 毫米）双筒军用望远镜。1939 年 1 月，昆明二十二兵工厂（后与五十一兵工厂合并改为 53 兵工厂）开始试制双筒望远镜。3 个月后，试装出中国第一具双筒军用望远镜，从 1939~1949 年，共生产了 2 万余具。这种望远镜曾以当时军政部部长何应钦的号"敬之"命名，后改称"中正式"。这种望远镜采用左右调焦，右目镜中有密位分划，用于测距，镜体上饰硫化皮制的防热层，花纹大面凸现，外观粗犷。"中正式"及"军政部造"的椭圆形标记用极细的金属丝嵌入镜体端面。

在抗日战争前，国民党军队不仅战术思想师法德国，连武器装备也是由德国进口或仿德国样式制造。望远镜也不例外，从德国引进较多的是著名的"蔡司"望远镜。抗日战争中后期，国民党军主力部队曾批量装备由美国提供的威斯汀豪森公司生产的 M3 型 6×30 和 M16 型 7×50 军用望远镜。这两种望远镜在二战时曾大量装备盟国部队。值得一提的是，战后日本自卫队和台湾地区军队亦仿制美国望远镜装备部队。美式望远镜不同于欧式望远镜，只能从后面（目镜）方向打开，这种结构牢靠且密封性能好，但制造复杂，成本高。无论是国民党军的"中正式"还是不同时期进口的德国、美国以及英国和加拿大的军用望远镜，都曾被我人民解放军大量缴获，成了为我所用的战利品。例如，红军在中央苏区反"围剿"中缴获的一具德国八倍"蔡司"，抗日战争时，一直为周恩来所使用；彭德怀元帅指挥西北解放战争时，一直使用的是一具德国 6 倍"蔡司"。解放战争中我东北野战军缴获美式望远镜较多，如罗荣桓元帅使用的是 M3 型 6 倍望远镜，指挥塔山阻击战闻名的胡奇才中将使用的是 M16 型 7 倍望远镜；抗日战争中，我军缴获侵华日军 6 倍军用望远镜多种，其中标明"富士"的日军望远镜，其实是德国"蔡司"的翻版，我八路军——五师首战平型关即缴获日军板垣师团第 21 旅团装备的此种望远镜。以及日军专供炮兵使用的所谓"炮二型"6 倍望远镜，以及 TOKO8 倍、10 倍望远镜。

新中国建立初期，我人民解放军装备的望远镜多是引进苏联、捷克和民主德国的。如上世纪50年代进口苏联的Б-6（6×30）和Б-8（8×30）望远镜，捷克的ХЪК6×30、ХЪК8×30望远镜，以及民主德国耶拿（JENA）制造的"蔡司"6×30、8×30及7×50、10×50、15×50几种望远镜。50年代，中国进口的军用望远镜，无论是光学系统还是外观，德国"蔡司"最好，前苏联次之。捷克的ХЪК望远镜外观较粗糙，镜体没有采用硫化胶皮的防热层，而仅涂以黑漆。

20世纪60年代初，我国的望远镜也同其他武器装备一样，走上了自行设计生产的道路。我国自行生产了六二式8×30望远镜、六二式8×30观红型、六三式15×50型军用望远镜。这三种望远镜均按照当时民主德国和苏联的同类望远镜结构及样式制造，广角大视场，光学性能及坚固性达到了非常高的水平。特别是六二式观红型的左物镜后焦面装有一个感光屏，通过目镜可以看到红外光源的影像即可观察到敌方使用红外夜视器材的情况。我国当时还为边防瞭望哨所配备了极少量的大型双筒望远镜，主要是民主德国的耶那、蔡司25－40×80、20－31－50×80型，后来我国也仿其生产了几种大型双筒望远镜，其中以98厂的25－40×100型最好。

近年来，我国采用先进技术，又为部队设计生产了88式12×40望远镜，这是国产的惟一一款美式结构的军用望远镜。我国目前研制的最新型军用双筒望远镜是九五式7倍系列，仍旧是全金属结构硫化镉饰皮，主要是外观及工艺上有了较大地提高，并采了新的光学材料，镜片采用了MC镀膜，经试用其亮度及色彩还原非常好、成像锐度高，较以往我国的军用望远镜成像严重偏黄的现象有了较大改善。九五式望远镜还采用了高密封技术，具有良好的防尘防水性能，测距方式上首次采用了新的测距曲线，可以直接读出距离。据研制部门称，各方面均达到国际先进水平。

在市面上，我们通常会发现，出售的望远镜里面，军事望远镜的价位要高一点，甚至要高出很多，这是为什么呢？难道军事望远镜有什么特别的地方吗？

事实上，军用望远镜虽然基本原理与普通民用望远镜没有什么区别，但

由于使用环境、观测对象不同，两者存在很多区别。

首先，它们的光学系统各有不同。军用望远镜大多有分划板，夜间使用的其分划板还带灯光照明。军用望远镜的出瞳距离比较大，以便观测者佩戴防毒面具。为防止射击时撞击头部，有的瞄准镜出瞳距离大到七八十毫米，还要备有软硬适度的眼罩和护额。

从光学性能和结构性能上来说，军用望远镜比较优良，可靠性较高，因为它的设计更加审慎，用材质优、工艺考究。例如像质好、杂散光少，放大倍率与入瞳大小匹配以达到最佳分辨率。军用望远镜的外壳采用金属而不用塑料，以确保长期使用后不开裂、不变形。与之相比，普通民用望远镜在密封和用材方面要差些，有的不仅是塑料壳，甚至内部镜片也用塑料制造。

由于质量要求高，军用望远镜在出厂前都要经过环境试验。一般包括振动试验、高温（55℃）试验、低温（-45℃）试验、淋雨或浸水试验、气密试验。经过这些试验，产品性能仍能保证在规定范围内的才能出厂。有的产品镜体内还自带干燥器，出厂前抽出空气再灌入干燥空气或氮气，有效地防止日后内部镜片长霉生雾。普通民用望远镜一般不做环境试验，或仅做部分试验。这一点是人们从市场上难以了解到的，仅从产品外貌上也看不出来。

由于这些区别，军用望远镜的设计制造要投入高得多的成本，所以其售价也比普通民用望远镜高。

通常我们所说的军用望远镜限指手持、双筒、以观察搜索为主要目的的望远镜，其工作原理、外观和普通民用望远镜没有多大区别。由于用途不同，其他军用望远仪器具有不同的名称，例如瞄准镜、光学测距仪、炮队镜、方向盘、周视镜、潜望镜、侦察经纬仪等。这些仪器都具有观察搜索远距离目标的功能，同时又具有自身的特殊功能。

瞄准镜种类繁多，用于轻武器、火炮、坦克、飞机、舰艇等。它们共同的特点是利用望远镜中设置的分划板，在分划板上刻上相应的瞄准分划或标志。有的刻有多个分划标志，用来装定弹道修正量、运动目标提前量、横风修正量。有的刻有测距和测高分划标志。随着电子技术、传感器和计算机的发展，瞄准镜的分划已不限于传统的分划板了，瞄准点将由计算机产生，再

"注入"望远镜中或屏幕上，而瞄准点的装定修正将自动完成。此外，有的瞄准镜兼有稳像功能，可以让载体在行进中进行瞄准射击。

光学测距仪与上述的利用分划板测距的望远镜不同，它由左右两个分布间距较大的两支望远镜组成。由于左右两物镜对目标的位置有差异，目标在两物镜像平面上的像位置也有微小差异。测量这个微小差异就能换算出目标距离。测量的方法有两种：一种是移动右支像去与左支像重合，称为合像式光学测距仪；另一种是借助人眼的立体视觉使左右两支像合影，比较立体像的纵深，称为体视光学测距仪。光学测距仪的测距精度随目标距离增大将显著降低。为提高精度，不得不增大左右支物镜的距离，增加望远镜的放大倍率，这就导致仪器尺寸太大而笨拙。因此，近年来光学测距仪已逐渐被激光测距仪所代替。

炮队镜也称剪形镜，配置两个左右分布的有潜望高的望远镜。两镜合拢后可获得最大潜望镜高度，检查以及测量目标的距离、高度、方位。它操作简便，而且不受雨、雾及黑夜的影响，分开后即增大两个入射瞳孔的距离，可以进行测距，提高仪器的体视放大率。它也能俯仰和水平转动，测量方位角。方向盘配置的是单筒望远镜，另外还配有一个指北针，而且望远镜可以俯仰和水平转动。借助方向盘可以标定目标的磁北方位角和地理方位角。炮队镜和方向盘一起用来布置阵地的炮位，是牵引火炮炮兵中常见的设备。

周视镜不同于一般的折轴望远镜，它内部的棱镜或反射镜按一定的规律转动，把不同方位的目标像引到固定的观测位置，同时还能保持目标像处于正立状态，这样观察者就可以在保持不动的情况下环视360°。

随着现代电子技术的发展，某些望远仪器已经被逐渐淘汰，但望远镜的基本成像原理仍旧在军事观测、制导中得到广泛应用。

潜艇的眼睛——潜望镜

潜望镜是指从海面下伸出海面或从低洼坑道伸出地面，用以窥探海面或

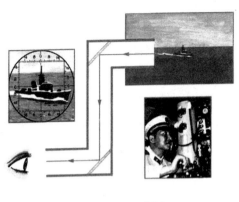

地面上活动的装置。其构造与普通地上望远镜相同，惟另加两个反射镜使物光经两次反射而折向眼中。潜望镜常用于潜水艇、坑道和坦克内用以观察敌情。

按目前的技术水平，潜艇综合成像系统基本上由几大类成像系统构成。下面就依照艇上和艇外成像系统的顺序，分

潜望镜原理示意图

别描述几种成像系统的技术现状和特点。

潜望镜成像系统

现代潜艇潜望镜是在 20 世纪初发明的。1906 年德国海军建成第一艘潜艇时，已使用了相当完善的光学潜望镜，由物镜、转像系统和目镜等组成。当时潜望镜的潜望力在 5 ~ 7 米，观察距离很近、视场狭窄、图像质量也很差，而且夜间无法使用。传统潜望镜的主要功能包括观察水面的舰船、对空观察飞机、估算被攻击目标的距离、将其方位和距离提供给火控系统、在潜没状态下实施地标导航或天文导航等。

现代的潜望镜制造商应用微光夜视、红外热成像、激光测距、计算机、自动控制、隐身等光电技术的最新成果，开发出新一代光电潜望镜。以 2003 年德国研制的最新一款 SERO 400 型潜望镜为例。主要技术性能包括：俯仰范围 –15° ~ 60°，1.5 倍、6 倍和 12 倍三种放大倍率，高精度的瞄准线双轴稳定，潜望镜入瞳直径大于 21 毫米，潜望力约 12 米。它能配置多种摄像机和传感器，如数码摄像机、微光电视摄像机、彩色电视摄像机、热像仪、人眼安全型激光测距仪等，供潜艇指挥员根据实战需要选用；还能把视频信号实时提供给作战系统监视器，实现同步观察。潜望镜系统的串行接口可供不同的作战系统控制台实现遥控操作。该潜望镜系统在昼光和夜间条件下都有相

当好的观察效果，能有效监视海面和海空、收集导航数据、搜索和识别各种海上目标，观察到的图像可以录像供回放。

现代光电潜望镜技术已经相当成熟，不可能再有很大提高。传统的穿透式潜望镜的固有弊端已十分明显：其一，也是最主要的缺陷，潜望镜必须穿透潜艇壳体，镜管直径越大，对潜艇耐压性的影响就越大；其二，潜望镜目镜头的转动直径一般为 0.6 米，在原本有限的艇内占据较大空间，对潜艇指挥舱的布置十分不利；其三，潜望镜只适合一人操作观察，无法实现多人同时观察，不利于作战信息资源的共享。尽管存在上进缺陷，但光电潜望镜在现在和将来依然是各国海军潜艇最普遍使用的成像观察装置。

光电桅杆系统

1976 年，美国科尔摩根公司正式提出最初的光电桅杆原理供海军评审。接着在 20 世纪 80 年代，非穿透光电桅杆的开发计划正式启动。如今，光电桅杆已从概念、原理样机发展成为工程型号。美、英、法三国海军在新型核动力潜艇上淘汰了传统的穿透式潜望镜，都将配备光电桅杆。这标志着潜艇光电桅杆技术已经达到相当成熟和可靠的水平。光电桅杆和常规潜望镜的最大差别在于，光电桅杆是"非穿透桅杆"。它由光电桅杆观察头、非穿透桅杆和艇内操控台三部分组成。美国"弗吉尼亚"级潜艇上的光电桅杆系统是AN/BVS-1 成像系统，它除了现有潜望镜系统的功能外，还能提供电子情报收集、监视和目标打击等功能。

光电桅杆与传统的穿透式潜望镜相比有诸多优点：如光电桅杆不穿透耐压艇壳，直接布置在指挥舱的合适位置，不但提高了潜艇耐压强度，也方便了指挥舱的布置；光电桅杆的观察头部装有多种光电探测传感器、电子战和通讯天线等装置；艇外情况可通过电视和红外摄像机摄取，然后传输到艇内，显示在操控台监视器及大屏幕上。光电桅杆正在逐步取代穿透式潜望镜，成为潜艇作战信息系统的重要组成部分。

但由于技术复杂、价格昂贵等原因，目前只有少数潜艇使用了一根光电桅杆，例如俄罗斯"德尔塔Ⅲ"和"德尔塔Ⅳ"级导弹核潜艇装备有一根

"砖雨"光电桅杆。只有美国"弗吉尼亚"级攻击核潜艇使用了两根光电桅杆。目前较为普遍的是一根光电桅杆和一根潜望镜配合使用,如美、英、德、法、俄、日、埃及等国的部分潜通气管摄像机监视系统。

围壳及壳体部分的摄像机电视系统

这是电视摄像机系统在潜艇上的特殊应用。主要用于对己艇的外部环境和各种发射状况进行检查和监视,也可为潜艇在冰层下活动提供光学导航。电视摄像机系统在潜艇壳体上的应用至少有 30 年的历史,具体应用多见于英国、俄罗斯及北欧等国海军潜艇。英国潜艇围壳上配置的水下电视摄像机系统,是专为潜艇在冰层或水下活动的需要而研制的。它可以提供安全的水下导航,是潜艇上浮时的重要辅助装置。一般就导航系统而言,在潜艇围壳上应配置两台水下电视摄像机,一台置于向上观察的位置,另一台置于前视位置并与水平方向成40°角。这种布置方式十分有利于潜艇在上浮或前进机动时获得最好质量的图像。英国西姆拉德公司的 OE-0285 型摄像机已装备英国的潜艇,它是一种增强的硅靶摄像机,它能在有云的星光条件下依靠微弱光线观察各种目标。当潜艇在北冰洋地区活动时,OE-0285 摄像机是潜艇通过冰层上浮时的重要辅助设备。

虚拟潜望镜系统

这是美国海军正在研究的潜艇水下摄像机系统。虽然称之为"虚拟"潜望镜,但与计算机技术领域的"虚拟现实"截然不同,也不同于围壳上的摄像机系统。虚拟潜望镜就是一种完全从水下潜没的潜艇平台上透过水面进行观察的光学传感器,包括潜艇水下摄像机、处理器和图像显示器。所谓"虚拟",是指图像显示器能把摄像机看到的海面上部半球形视场内的不完整图像重现为一幅完整的图像。虚拟潜望镜与潜艇传感器系统构成一体,可减少潜艇指挥员使用常规潜望镜的次数,提高潜艇的隐身性。

虚拟潜望镜技术还可以在最大程度上减少潜艇与水面舰船碰撞的概率。潜艇上浮到潜望深度前,必须确认上浮区内没有行驶的船舶。从潜望深度到水下约150英尺（46米）的"过渡区"，是潜艇水下活动的不安全区。在这个尴尬的区域内，潜艇因为所处位置"太深"而看不见上方是否有正在航行的舰船，又因为距离航行舰船下方"太浅"而不能安全地通过。但是，这个过渡区可能包含了最佳水声搜索深度，也是最好的规避深度，是潜艇在浅水区安全活动的最理想深度区域。如果潜艇丧失了这个过渡区，其活动能力就会大打折扣。如果潜艇采用虚拟潜望镜技术观察周围情况，就能在这个过渡区内安全地活动了。

**美国某海军正在通过虚拟
潜望镜观察海面情况**

虚拟潜望镜的光学原理与普通潜望镜不同。普通潜望镜是在海上某个位置接收光线；虚拟潜望镜则是利用水下的一个或几个向上观察的摄像机，接收来自空间并穿透海面的光线。虚拟潜望镜项目运用对微弱折射光重构的成像技术，开发一个能探测水面目标的水下摄像机系统（包括软件系统）。虚拟潜望镜不只是一项特殊的成像技术，而且完全适合于潜艇特种作战部队的应用。

光电浮标系统

美国早在20世纪80年代初已申请了光电浮标技术的专利。到了90年代，美国马萨诸塞州波卡塞特的船舶成像系统公司开始了潜艇用光电浮标的设计与研究。该公司与美国国防研究计划局签订了100万美元的研究合同，设计并制造从潜艇发射的摄像机浮标系统（BCD）。BCD使用CCD传感器，并通过光纤和电缆与潜艇保持连接。CCD传感器由潜艇控制其稳定和监视方向，

在水面上获取目标图像数据，再转换成光纤信号传送到潜艇上。获取的信息用图像增强算法软件进行处理。潜艇用光电浮标可以进行隐身处理以提高隐蔽性，如伪装成冰块或海上漂浮物。如果能降低成本，光电浮标可设计成一次性的。还有人建议研制多传感器光电浮标系统。

无人机系统

潜艇无人机的开发解决了潜望镜和光电桅杆潜望高度低、不能远距离观察的问题。潜艇可以在潜没状态下获得无人机从空中摄取的图像，从而提高了隐蔽性。与潜艇有关的无人机技术研究始于 20 世纪 80 年代中期，当时的无人机是从鱼雷管发射的，现在已能从潜艇桅杆内向外发射无人机。例如，美国科尔摩根公司研制成功的无人机发射装置装在潜艇桅杆内，一次可装四架无人机。美国海军已经把无人机技术应用在"弗吉尼亚"级和"俄亥俄"级攻击核潜艇上。无人机可以通过军用卫星把探测到的信息传输给发射潜艇，或转发到其他潜艇、水面舰船以及陆上的作战指挥中心，并与水下运载器等多种系统构成综合的信息网络。

光在医疗上的作用

命运之灯——无影灯

洁白的手术室中，悬挂着一个大大的圆形灯盘，灯盘上整齐地排列着许多灯。当灯光照射到手术台上时，医生可以在不受黑影影响的情况下顺利进行手术。这个合成的大面积光源就是无影灯。原来手术室的无影灯就是巧妙地运用了本影区面积与光源发光面大小的关系，用发光强度很大的灯组成大面积光源。这样就能把光从不同角度照射到手术台上，既保证手术视野有足够的亮度，又消除了手术时医生的身体留下的本影，从而看清手术进行情况的。

手术无影灯一般由多个灯头组成，系定在悬臂上，能做垂直或循环移动，悬臂通常连接在固定的结合器上，并能围着它旋转。无影灯采用可消毒的手柄或设消毒的箍（曲轨）作灵活定位，并具有自动刹车和停止功能以操纵其定位，在手术部位的上面和周围，保持相宜的空间。无影灯的固定装置可安置在天花板或墙壁上的固定点上，也可安置在天花板的轨道上。

医院无影灯示意图

安装在天花板上的无影灯，应在天花板或墙壁上的遥控匣中设置一个或多个变压器，以将输入的电源电压转换成大多数灯泡所要求的低压。大多数无影灯都具有调光控制器，某些产品还能调节光场范围，以减少外科手术部位周围的光照。

别样镜——胃镜

不少人有胃痛的毛病，但胃中到底出了什么毛病，因为看不见，总说不大清楚。自从有了胃镜后，医生可以通过它看清胃中每一部分的情况了。胃镜是由折射率很大的导光纤维组成的，胃镜头上的小灯把胃壁照亮，胃壁上反射出来的光进入导光纤维一端后再也穿不出纤维壁了。而是不断地全反射，只能从导光纤维另一端穿出来，医生就可看清胃中的毛病。

目前临床上最先进的胃镜是电子胃镜。电子胃镜具有影像质量好、屏幕画面大、图像清晰、分辨率高、镜身纤细柔软、弯曲角度大、操作灵活等优点。有利于诊断和开展各种内镜下治疗，并有储存、录像、摄

胃 镜

影等多种功能，便于会诊及资料保存。

随着医学科学技术的不断进步，胃镜检查越来越广泛应用于临床，胃镜检查是诊断胃病最直观的检查方法，与术前、术中、术后护理配合，对检查的顺利进行起着至关重要的作用。

激 光

激光在某种意义上，真可谓是"百用之光"，不仅在工业和军事上大显身手，而且在医疗上也有自己的一席之地。

激光牙科

依据激光在牙科应用的不同作用，分为几种不同的激光系统。

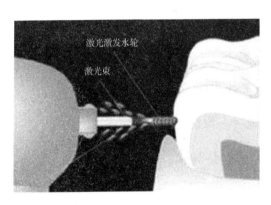

激光牙科治疗系统

区别激光的重要特征之一是：光的波长，不同波长的激光对组织的作用不同。在可见光及近红外光谱范围的光线，吸光性低，穿透性强，可以穿透到牙体组织较深的部位。用于治疗的激光，通常是几个瓦特中等强度的激光。激光对组织的作用，还取决于激光脉冲的发射方式，

激光在龋齿的诊断方面的应用可做到脱矿、浅龋、隐匿龋。激光在治疗方面的应用可做到切割、充填物的聚合、窝洞处理。

激光洗血

世界卫生组织（WHO）近期报告：全世界每年有 1500 万人死于冠心病、高血压、脑血栓等心脑血管疾病，而 60 岁以上的老年人死于心脑血管病的人数占 90% 以上。

心脑血管疾病具有发病率高、死亡率高、致残率高、复发率高、治疗费用高以及并发症高"五高一发"的特点，治疗和预防已到了刻不容缓的地步。

现在医学上将激光用于照射血液，光量子被血液分子吸收并转化为分子内能，从而起到激活血液细胞的作用。光量子还能对血液产生其他光化合反应和生物效应，应用这些效应来治疗和保健的疗法被称为光量子血疗（又称激光洗血）。

低强度激光疗法：桡动脉照射治疗，见效快，疗效显著，可产生以下效果：

光量子血疗仪

（1）改变血流变指标，改善血液流变性质，可以降低血压，降低全血黏度、血浆黏度、血小板聚集能力，激活酶系统，加快新陈代谢。

（2）改善血液循环，刺激交感神经和副交感神经。可使黏膜和鼻黏膜血管收缩、扩张，从而反射性地引起颅内血液循环和全身血液循环。可出现全身症状的改善，如精神好转、全身乏力减轻、食欲增加。

（3）恢复红细胞正常形态。补充红细胞的生物能量，剥离红细胞表面的脂肪层，使红细胞表面恢复负电荷，加大红细胞间的排斥力，使红细胞单个游离，避免细胞粘连。

（4）提高红细胞携氧能力。由于光量子补充红细胞的生物能量，使红细胞能与氧气更好地结合发挥其携氧和输送氧气的功能，保证了肌体组织供氧。

（5）增加血红细胞 SOD 含量。在 SOD（超氧化物歧化酶）含量测定时发现，用低强度激光治疗后，红细胞内 SOD 含量增加，同时能清除血液中的自

由基和垃圾。

（6）调节免疫。激活白细胞，提高其吞噬活性和趋化性，促使肌体的物质代谢和能量代谢，有利于受损组织的修复和再生，因而具有调节肌体免疫作用。

（7）激活脑细胞。低强度激光桡动脉照射，使脑部血流灌注增加，提高脑细胞功能，彻底改善脑部微循环。

（8）软化血管。低强度激光照射血液疗法能保护血管内皮细胞，增强或恢复血管的弹性，减少低密度脂蛋白，纠正酸血症，软化血管，预防血栓形成。

激光治疗近视眼

准分子激光治疗近视眼最早是 1985 年美国医生开始在临床应用的，近年来发展迅速，20 世纪 90 年代初传入中国。准分子激光治疗高、中、低度近视的手术效果远远优于以往的屈光手术。但仍有很多人对它产生怀疑，怕眼睛被打穿、烧焦。

一般来说，准分子激光是波长很短的紫外光，它与生物组织发生的是光化学效应而不是热效应。因此，不会产生热损伤，更谈不上烧焦。另外，还有人顾虑会打穿眼球，这种顾虑是多余的。准分子激光波长短，穿透力弱，每个脉冲只能切削 0.25 微米的深度，是在细胞下水平切削，切削极精确，因此打穿眼球是不可能的。

有人担心会伤害眼睛的其他部位，这也是多虑，因为准分子激光器都有红外线跟踪系统，当你的眼球偏转超出正常范围，激光会自动停止击射，保证安全治疗。

激光治疗近视的原理是，近视眼是由于眼球的前后径太长或者眼球前表面太凸，外界光线不能准确汇聚在眼底所致。准分子激光角膜屈光治疗技术，是用电脑精确控制的准分子激光的光束，使眼球前表面稍稍变平，从而使外界光线能够准确地在眼底汇聚成像，达到矫正近视的目的。

准分子激光是氟氩气体混合后经激发产生的一种人眼看不见的紫外线光

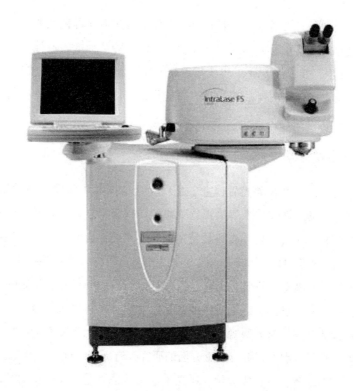

治疗近视眼的激光仪

束，属冷激光，能精确消融人眼角膜预计去除的部分而不损伤周围组织和其他组织器官。

专家指出，适合接受准分子激光治疗的人为：18 周岁至 50 周岁，近两年度数稳定的近视眼 150 度至 2000 度，或合并散光 100 度至 400 度，及远视 200 度至 800 度均适合治疗。

眼部患感染性炎症、圆锥角膜、青光眼、白内障、眼底病变等，或有糖尿病、结缔组织疾病等全身性疾病的人不适合准分子激光治疗。

不久前，来自上海瑞金、长海等医院相关部门的调查显示，准分子激光治疗近视眼的求诊者中，学生占了绝大多数，尤其是高中生，门诊量有逐日增多的趋势。对此，专家告诫：准分子激光治疗近视眼，18 周岁以下的青少年不宜。

据专家介绍，为确保安全和有效，准分子激光治疗近视眼要求患者术前屈光状态稳定，矫正视力达到 0.5 以上。据此，接受手术的最佳年龄应该在 25 岁至 35 岁，18 周岁以下的青少年正处于身体生长期，眼睛屈光度不稳定，若盲目接受手术，一两年后视力极有可能回退，严重影响预期的疗效，功败垂成。

解读眼视光学

眼视光学，又称为验光置镜业，是现代光学技术和现代眼科学相结合，运用现代光学的原理和技术解决视觉障碍的新兴交叉学科。它是一门既具有经典传统色彩，又具有现代高科技特征的医学专业，也是一类饶有趣味、充满挑战、富有回报的医疗职业。该专业以光学、药物、手术和心理等手段，以改善和促进清晰舒适视觉为目标，以保护眼睛健康为己任，这是一项给人类带来光明的崇高事业。但是最主要的是以光学技术解决视觉障碍，眼视光学的学科特征是进行与人眼视觉有关的生理、病理和光学方面的临床、科研和教学等。科研重点主要针对视觉方面的研究，有近视、远视、散光、弱视、低视力、光学眼镜、角膜接触镜、屈光手术及其他视觉方面矫正的基础、临床研究等。终归一点是解决双眼共同视觉问题。

眼视光学是眼科学的起点，也是眼科学的终点。它们之间的关系一直是眼科医学研究的主要对象。因为眼睛要比一部高档的照相机精密得多。因此，这就需要对眼睛的解剖结构和眼睛的屈光系统作一个专业的学习后才能胜任的专业。之后才能在这个的基础上了解眼睛的医用物理原理。

眼睛的解剖学很是重要，特别是对于角膜接触镜的验配及之后的复查，其中重要的是角膜。原因是角膜的生理性决定了其光

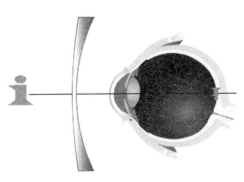

近视眼示意图

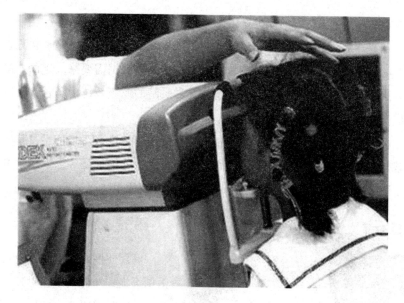

电脑验光示意图

学的重要性。要保证角膜的透明和角膜的本身的屈光度，那么角膜的组织学结构就要保证其符合生理要求。

在我们的生活中，经常能见到很多人戴着眼镜。这个眼镜学问是很大的。涉及的问题是：

（1）验光之前的检查。这是学问＋经验＋理论＋技术的综合体现。主要是在四个方面的病史采集。屈光的病史采集，针对之前的屈光要进行了解；感觉的病史采集，主要是视力和初级双眼视觉功能询问；眼球运动检查的病史采集，主要是双眼视觉功能的详细了解；第四是要了解双眼的眼睛健康，主要是双眼的眼压，裂隙灯显微镜检查双眼健康，捡眼镜判断眼睛内部情况是否正常。

（2）验光，这是一个程序。初步的主要检查的方法是四个：角膜曲率计检查和眼科 A 超检查、视网膜检影镜检查、自动验光仪检查、主觉检查。高级的检查还应该包括双眼的视觉功能的整体检查。这不仅仅是视力的检查，还有眼睛的调节和辐辏检查，双眼眼球追踪扫射试验，隐斜视和融合功能检查及在这个基础上进行的双眼立体视觉检查。

（3）下处方。原则是根据不同的年龄不同的需要进行，但是现在很多的地方的验光都是以国家标准 1.0 为标准，这个是要根据需要来决定的。最好的方法是要根据检查工具判断外界物体经过眼睛的屈光系统后是否在视网膜上成像。

（4）戴镜建议。我们现在很多的人都会说眼睛的度数又增加了，其实这应该是验光之后验光师的工作。怎么样来防止度数的增加是一个视光学专业人士所必须尽到的责任，因为这是心理与生理和生活相结合学问。

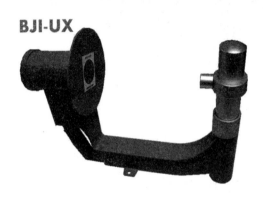

手提 X 光机

手提 X 光机

医用便携式 X 光机，也叫做医用手提式 X 光机或医用 X 光透视仪。此类 X 光机适用于医用，主要用于诊所、乡镇卫生院、运动员训练部门及学校医务室等部门。由于其成本低、X 射线剂量低（安全度高）、操作简单、体积小、大多可连接电脑进行处理打印等，满足了不足以容纳大型 X 光机设备的医疗机构的设备空白，近年来受到了众多医疗行业及工作者的青睐。

远红外线的治疗作用

我们知道，人体对远红外线的吸收取决于远红外线的波长和皮肤的状态。人体皮肤含 70% 的水，水是远红外线的良好吸收体。因此，人体对远红外线的吸收光谱近似于水。所以，远红外治疗适用于治疗浅表性疾病。但这并不妨碍治疗深部的疾病，因为可以通过介质传导、细胞共振和血液循环使疗效到达组织深部。

远红外线对人体健康作用巨大，首先，远红外线可激活生物大分子的活性。从而发挥了生物大分子调节机体代谢、免疫等活动的功能，有利于人体机能的恢复和平衡，达到防病、治病的目的。

其次，可促进和改善局部和全身的血液循环。远红外作用于皮肤后，大部分能量被皮肤所吸收，被吸收的能量转化为热能，引起皮温升高，刺激皮肤内热感受器，通过丘脑反射，使血管平滑肌松弛，血管扩张，血液循环加强。另一方面，由于热作用，引起血管活性物质的释放，血管张力降低，浅小动脉、浅毛细血管和浅静脉扩张，血液循环加快，血液循环得以改善。

第三，可增强新陈代谢。如果人体的新陈代谢发生了紊乱，引起了体内外物质的交换失常，那么，各种疾病将不约而至。诸如水电解质代谢的紊乱，严重的将会危及生命；糖代谢紊乱所致的糖尿病；脂代谢紊乱引起心血管疾病、肥胖症；蛋白质代谢紊乱引起的痛风等。通过远红外的热效应，可以增加细胞的活力，调节神经体液机制，加强新陈代谢，使体内的物质交换处于平稳状态。

第四，提高免疫功能。免疫是人体的一种生理保护反应，它包括细胞免疫和体液免疫两种，对人体抵抗疾病具有极其重要的作用。经临床观察，远红外确能提高巨噬细胞的吞噬功能，调节人体细胞免疫和体液免疫功能，有利于人体的健康。

第五，消炎、镇痛。作用机理如下：

（1）远红外的热作用通过神经体液的回答反应，消除了炎症的病理过程，使原来遭到破坏的生理平衡状态加速恢复正常，提高了局部和全身的抗病能力，同时能激活了免疫细胞功能，加强了白细胞和网状皮肤细胞的吞噬功能，达到消炎抑菌的目的。

（2）远红外的热效应使皮肤温度增加，交感神经感受能力减低，舒血管活性物质释放，血管扩张，血流加快，血循环改善，增强了组织营养，活跃了组织代谢，提高了细胞供氧量，改善了病灶区的供血供氧状态，加强了细胞的再生能力，控制了炎症的发展并使其局部化，加速了病灶的修复。

（3）远红外的热效应，改善了微循环，建立了侧支循环，增强了细胞膜的稳定性，调节了离子的浓度，改善了渗透压，加快了有毒代谢产物的排出，

加速了渗出物的吸收，导致炎症水肿的消退。

（4）镇痛作用。远红外的热效应，降低了神经末梢的兴奋性；血液循环的改善，水肿的消退，减轻了神经末梢的化学和机械刺激；远红外的热作用，提高了痛阈，以上种种，均起到缓解疼痛的作用。远红外的生物效应，除上述的热效应之外，还有许多其他的重要的生物效应，如远红外线与生命的关系，远红外线改善微循环，活化水分子、活化组织细胞等重要功能。

第六，调节自律神经。

自律神经主要是调节内脏功能，人长期处在焦虑状态，自律神经系统持续紧张，会导致免疫力降低、头痛、目眩、失眠乏力、四肢冰冷。远红外线可调节自律神经保持在最佳状态，以上症状均可改善或祛除。

第七，护肤美容。

远红外线照射人体产生共鸣吸收，能将引起疲劳及老化的物质，如乳酸、游离脂肪酸、胆固醇、多余的皮下脂肪等，籍毛囊口和皮下脂肪的活化性，不经肾脏，直接从皮肤代谢。因此，能使肌肤光滑柔嫩。

第八，减少脂肪。

远红外线的理疗效果能使体内热能提高，细胞活化，因此促进脂肪组织代谢，燃烧分解，将多余脂肪消耗掉，进而有效减肥。

但是红外线并非有百益而无害的，在我们接受红外线治疗时，还应注意些红外线的禁忌症：

（1）温热治疗法的禁忌症，也全属红外线治疗的禁忌症。例如：需要安静的急性期发炎、热性疾病、进行性消耗性疾病、非发炎性水肿、可能会引起内出血的疾病等。

（2）老人、婴幼儿、体力消耗殆尽的人，对热耐力很低的人等，都应减少剂量。

光子脱毛

光子脱毛机是运用现代高科技手段与现代医学美容相结合的产品，是全球惟一获得双项美国 FDA 认证的脱毛机，被认为是安全、有效、快捷、无副作用的永久性脱毛最新高科技技术。

毛发异常生长或多毛症部分属于时发性的，也可能与使用某种药物（例如雄性激素）及多毛综合征有关，极大影响美观。脱毛部位主要集中于腋下、双上肢和双下肢及女性上唇部、男性腮部、颈部和胸部等。抑制毛发生长的关键在于精确地破坏毛囊中的两个重要组成部分，即毛凸和毛乳头。

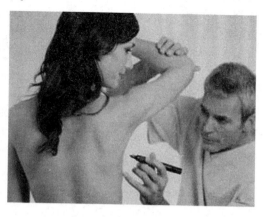

光子脱毛示意图

谈起脱毛，每位爱美女士都能列举出很多方法，受体毛困扰的女士、先生也肯定尝试过一些，但结果怎样呢？是让扰人的毛发永不再长呢，还是去了又长，越长越粗？在医疗技术日新月异的今天，人们在关注一项新的脱毛技术——光子脱毛技术。

光子脱毛技术是采用专利强脉冲光源的选择性光（宽光谱技术）热解原理，提供一种柔和、非介入性的疗法，利用毛囊中的黑色素细胞对特定波段的光的吸收，使毛囊产生热，从而选择性地破坏毛囊，在避免对周围组织损伤的同时达到去除毛发的效果。毛发的毛囊中含有大量的黑色素细胞，光子脱毛即选用对毛囊黑色素细胞特别敏感，而对正常表皮无损伤的光进行照射，光被毛干和毛囊中的黑色素吸收转化为热能，从而升高毛囊温度，当

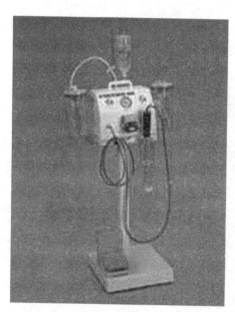

光子脱毛仪

温度上升到足够高时毛囊结构发生不可逆转的破坏，已破坏的毛囊经过一段自然生理过程之后被去除，从而达到永久性脱毛的目的。

光子脱毛技术在数次治疗后对生长期的毛发达到永久性脱除的效果已被证实，治疗的具体次数与皮肤和毛发的类型等许多因素相关。光子脱毛术时间短，术后即可进行日常活动和体育锻炼，无需特别护理，具有快速、痛苦小、效果持久、对表皮无损伤等优点，明显优于其他传统脱毛方法，可有效祛除身体任何部位，如面部、腋下、背部、腿部和比基尼线——不同深度、颜色和质地的毛发。

揭秘光子嫩肤

光子嫩肤是近些年发展起来的带有美容性治疗的一种技术、可以说是脱毛的孪生兄弟。在脱毛的过程中，我们发现经过反复的脱毛治疗后，毛区的皮肤会变得相对光滑而靓丽起来。当然首先发现这个有趣现象的是美国的皮肤科激光医生。他们惊讶地发现，当面部须发脱除后，皮肤明显地变得年轻起来。

光子嫩肤仪

旧金山有一位著名的皮肤激光治疗医生叫比特，他对此现象非常感兴趣，并进行了大量的研究。结果发现，脱毛治疗后的这种使皮肤年轻化的现象并不是偶然现象，而是皮肤结构真的由于激光的照射发生了质的变化从而显得年轻起来，并发现激光并不是最理想的光源，强光才是最合适的光源。于是，发明并诞生了一种利用脉冲强光来治疗皮肤光老化的方法，经过大约五次照射后，皮肤结构就明显改变了：皮肤的弹性增强不再松弛了，皮肤的色素斑也消失了，细小的皱纹也开始消退了。其综合的结果是使皮肤年轻而漂亮了。所以，当这一治疗技术开始应用以后，立刻受到好莱坞电影明星们的青睐，它们纷纷从洛杉矶飞往旧金山比特医生的诊所来接受这种神奇的治疗。当然他们也给这种治疗起了一个非常有意思的名字：photo rejuvenation，就是光使皮肤返老还童的意思。

总的来说，光子嫩肤实际上就是利用脉冲强光对皮肤进行一种带有美容性质的治疗，其功能是消除、减淡皮肤各种色素斑、增强皮肤弹性、消除细小皱纹、改善面部毛细血管扩张、改善面部毛孔粗大和皮肤粗糙，也能改善发黄的皮肤色彩等。

光子嫩肤涉及项目

小针拉面皮手术

最新的美容手术崇尚无疤痕，创伤小及康复时间迅速的手术方法，令病人可以在同一天或一至两天内恢复工作，所以特别适合于较年轻、爱美及活跃的一族。

肉毒杆菌素

"肉毒杆菌素"，在美容方面，主要是用来去除动态的皱纹（如皱眉纹、鱼尾纹、抬头纹）及改善国字脸及萝卜腿。若施打正确，是非常安全、有效的除皱及改善脸形、腿形的利器。

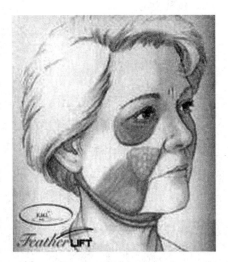

小针拉面皮手术

疤痕修整

由于产生创伤的原因不同，所以修复后的疤痕也各有其不同，因此在专业上可以把它们分成几个类型，常见的有增生性疤痕、疤痕疙瘩、萎缩性疤痕、挛缩性疤痕。对于这几种常见的疤痕，我们目前已经有了一整套的系列方法来修复，使其在正确的治疗方法

实施后得以最大限度的恢复。

痤疮

痤疮是由于皮脂腺大量分泌皮脂，皮脂无法排出而使毛囊阻塞而产生的炎症，是一种慢性炎症疾病。由于受机体内雄性激素的影响，多发于青春期，但是最近，在 20 岁或 30 岁左右开始产生痤疮的人也很多。

痣

目前对付"痣"的方法通常有激光、电烧、冷冻、化学腐蚀这四种非手术方法和手术方法，这些方法各有优劣。

面部烫伤

面部烫伤的处理应掌握其特点，根据烫伤程度，采取及时妥善处理尤为重要。

皮肤脱毛

常用的脱毛方法有两种：永久性脱毛和暂时性脱毛。

光子治疗过程

（1）带上护目镜，并全程闭上双眼。

（2）医师会先于治疗部位涂上冰凉的专用冷凝胶。治疗时，将光子嫩肤仪的治疗头导光晶体轻放于待治疗皮肤，并开始释放强脉冲光。此时，会感到阵阵光束进入的温热感。

（3）治疗导光凝胶为水溶性物质，治疗后以清水清洗即可。

光子治疗后注意事项

不需要特别的皮肤护理，但是建议在医生的指导下使用护肤产品，包括停止使用所有的功能性化妆品（包括各种去斑霜、祛皱霜等），禁止使用各种化学剥脱性治疗（也就是所谓的换肤治疗），禁止皮肤磨削和使用磨砂洗面奶等。由于色素斑以及各种光老化的原因是日光的照射，所以防晒和防晒霜的使用是重要的。当然皮肤保湿霜的应用也是需要的。

哪些人适合进行光子嫩肤治疗？

第一类人群：面部有点状的色素斑，无论是日光性的还是雀斑，通常这些斑给你的感觉是一种"脏脸"的感觉，尽管常用粉去遮盖，但总也不能遮盖掉。

第二类人群：面部开始出现松弛，细小皱纹，出现老年性皮肤改变。

第三类人群：想改变皮肤质地，希望皮肤的弹性更好，皮肤更光滑，改善皮肤晦暗。

第四类人群：面部皮肤粗糙、毛孔扩大、青春痘印记、面部毛细血管扩张。

通常前三类人群的治疗效果要明显一些，第四类人群的治疗效果相对要差一些。另外，光子嫩肤同其他美容治疗一样，如果您的皮肤条件越好，治疗的效果也越好；如果你的皮肤先天条件不理想，光子嫩肤治疗虽然有不俗的表现，但总的来说要差一些。

哪些人不合适做光子嫩肤治疗？

光敏感者及近期有光敏感药物应用的患者，这种人对光敏感，治疗后容易出现皮肤损伤。

妊娠女性，因为治疗有不同程度的疼痛，理论上不能完全排除对胎儿发育可能存在的潜在影响。

系统使用维甲酸（最少在停止使用两月后方能治疗）。这类患者可能会有潜在的皮肤修复功能的暂时性的削弱。

黄褐斑患者的治疗要慎重，在大多数情况下光子嫩肤并不能解决黄褐斑的治疗问题，相反有时会使情况变得更糟。

对治疗效果抱有不切实际期望的患者，光子嫩肤虽然具有突出的美容能力，但是她仅仅是一种非常普通的医疗项目，不要渲染和神化，没有改变您皮肤性质的能力，不要抱不切实际的期望。

光子嫩肤技术与传统嫩肤术有何区别？

在过去的十几年里，嫩肤术经历了巨大的变化。最初是采用磨削法和化学深层脱皮，进而是激光换肤术。尽管这些方法在治疗皮肤光老化的某些方面有一定疗效，但顾客通常需要一段时间停止工作，同时也伴有难以忍受的疼痛、潜在的副反应。

目前，有些激光可以用于治疗棕色斑，其他一些激光可以用于治疗褐色斑，也有些可以用于激光面部去皱，但尚无其他技术可以获得光子嫩肤的效果——在对繁忙的现代生活方式无任何干扰的前提下整体改善皮肤病变和皮肤结构。

光子嫩肤可以治疗整个面部，从而带来超越普通美容术的愉悦效果。通常在4个多月的时间内，经历5~6次治疗，光子嫩肤技术便可为患者提供逐渐地明显改善的效果。极低的风险令患者与医师都从中获得较大的满意。

光子嫩肤技术可以治疗哪些皮肤病变？

所有由日光性损伤和光老化引起的面部瑕疵、毛孔粗大、肤色暗淡或其他非正常状况都会影响您的良好状态和容颜。光子嫩肤技术改善表面和深层皮肤，使皮肤嫩化并为深层肌肤带来有益的生物刺激效应。在数次治疗后，您可以发现面部的色斑明显减少，在治疗处出现更光滑的新生皮肤。这种治疗同时可以高效率地用于颈、胸部和手部等身体部位。

接受光子嫩肤治疗后还需要进行皮肤护理吗？

是的，光子嫩肤是穿透皮肤，治疗皮肤深部的病变，并使深部的胶原纤维和弹力纤维重新排列，恢复弹性。而专家建议在两次治疗间实施必要的皮肤护理，有助于皮肤的新陈代谢，重返年青光彩。

光污染及预防

GUANG WURAN JI YUFANG

　　光污染问题最早于 20 世纪 30 年代由国际天文界提出，他们认为光污染是城市室外照明使天空发亮造成对天文观测的负面的影响。

　　目前，很少有人认识到光污染的危害。光污染可伤害昆虫和鸟类、因为强光可破坏夜间活动昆虫的正常繁殖过程。光污染还会破坏植物体内的生物钟节律，有碍其生长，导致其茎或叶变色，甚至枯死；对植物花芽的形成造成影响，并会影响植物休眠和冬芽的形成。

　　据美国一份最新的调查研究显示，夜晚的华灯造成的光污染已使世界上五分之一的人对银河系视而不见。这份调查报告的作者之一埃尔维奇说："许多人已经失去了夜空，而正是我们的灯火使夜空失色。"他认为，现在世界上约有三分之二的人生活在光污染里。在远离城市的郊外夜空，可以看到两千多颗星星，而在大城市却只能看到几十颗。在欧美和日本，光污染的问题早已引起人们的关注。美国还成立了国际黑暗夜空协会，专门与光污染作斗争。

　　防治光污染，是一项社会系统工程，需要有关部门制订必要的法律和规定，采取相应的防护措施。

白昼光污染

华灯溢彩，霓虹闪烁，越来越多的城市夜景绚丽多彩。城市更亮了，夜色更美了。但是，在美丽夜景之下，人工白昼所形成的光污染一直被人们所忽视。据国际上的一项调查显示，有三分之二的人认为人工白昼影响健康，有84％的人反映影响夜间睡眠。正常的"生物钟"也被打乱。

人体在光污染中最先受害的是直接接触光源的眼睛，光污染会导致视疲劳和视力下降。人工白昼光源让人眼花缭乱，不仅对眼睛不利，而且干扰大脑中枢神经，使人感到头晕目眩，出现恶心呕吐、失眠等症状。

扰乱机体自身的自然平衡，使人体产生一种"光压力"。若长期处于这种压力下，体内的生物和化学系统会发生改变，体温、心跳、脉搏、血压会变得不协调，各种疾病乘虚而入。经常处于光照环境中的新生儿，往往会出现睡眠和营养方面的问题，甚至会刺激儿童性早熟。这是因为接受光照太多，

在城市里，随处可见的人工白昼污染

会减少松果体褪黑激素的分泌，减弱对性腺发育的抑制，导致性器官的超前发育，使性早熟不可避免。

对于人工白昼所造成的光污染，各国关注程度不同，法律约束的差别也非常大。欧美许多国家曾经有过城市亮化的兴盛期，城市亮化之后察觉到了危害，吸取了深刻的教训。在欧美和日本，人工白昼污染的问题早在20世纪八九十年代就已引起人们的关注。美国还成立了国际黑暗夜空协会，专门与人工白昼污染做斗争。

进入21世纪，随着工业社会的进一步发展和人们夜生活的日趋频繁，人工白昼所形成的光污染愈演愈烈。如何对其进行防治，降低其对人们身心健康的危害，成为各国普遍关注的问题。

首先应该从源头上抓起。城市规划和夜景照明要立足生态环境的协调统一，实现建设夜景，保护夜空双达标的要求。对那些正在建设夜景照明的城市务必在规划时就考虑光污染问题，做到防患于未然；对已产生光污染的城市，应立即采取措施，把光污染消除在萌芽状态。

其次，应制订防治人工白昼污染的标准和规范。在国家或地区性环境保护法规中增加防治人工白昼污染内容，强调城市夜景照明要严格按照照明标准设计，合理选择光源、灯具和布灯方案，尽量使用光束发散角小的灯具，并在灯具上采取加遮光罩或隔片的措施，严格限制光污染的产生。并且要大力做好人工白昼污染的公益宣传和教育工作，做到家喻户晓、人人皆知。同时在高科技节能照明上下大力气，实现人文照明、绿色照明、科技照明。另外，在治理人工白昼污染问题上，还要有法可依，执法必严，违法必究。

光污染

光污染泛指影响自然环境，对人类正常生活、工作、休息和娱乐带来不利影响，损害人们观察物体的能力，引起人体不舒适感和损害人体健康的各

种光。从波长十纳米至一毫米的光辐射，即紫外辐射、可见光和红外辐射，在不同的条件下都可能成为光污染源。

夜晚光污染

彩光污染

随着人们追求时尚，对生活质量的高要求，夜生活已逐渐成为人们生活中不可缺少的一部分。到了夜间，各种娱乐场所人头攒动，热闹非凡。商业街的霓虹灯、灯箱广告和灯光标志等越来越多，规模也越来越大，亮度越来越高，从而加速了彩光污染的形成，尤其是作为夜生活主要场所的歌舞厅中，人们在尽情享受着音乐节奏的快乐时，任凭五颜六色的彩光挥洒在身上，刺激着自己的神经和视觉，却忽视了身心健康也会在欢乐中慢慢透支。

据测定，黑光灯可产生波长为 250～320 纳米的紫外线，其强度大大高于阳光中的紫外线，人体如果长期受到这种黑光灯照射，有可能诱发鼻出血、脱牙、白内障，甚至导致白血病和癌症。这种紫外线对人体的有害影响可持续 15～25 年。旋转活动灯及彩色光源，令人眼花缭乱，不仅对眼睛不利，而且可干扰大脑中枢神经，使人感到头晕目眩，站立不稳，出现头痛、失眠、注意力不集中，食欲下降等

城市在逐步繁荣之时却带来了彩光污染

症状。歌舞厅的霓虹灯的闪烁灯光除有损人的视觉功能外，还可扰乱人体的内部平衡，使体温、心跳、脉搏、血压等变得不协调，引起脑晕目眩、烦躁不安、食欲不振和乏力失眠等光害综合征。荧光灯照射时间过长会降低人体的钙吸收能力，导致机体缺钙。

科学家研究表明，彩光污染不仅有损人的生理功能，还会影响人们的心理健康，在缤纷多彩的灯光环境待久了，人们或多或少会在心理和情绪上受到影响。比如在刺目的灯光下会让人感到紧张等。另外还浪费了大量的电力资源，对城市的环境造成严重的污染。

要做到真正有效地防治彩光污染，首先应该控制在源头上。在城市建设中，应该多培养一批专业的设计规划师，建立一套完善的城市亮化整体规划，设计生态化、环保型的夜景灯光，制定科学合理的光度分布标准，完善建设符合生态、环保要求的"绿色照明"环境。设计师们在考虑建筑物功能与美观的同时，也应该注意更多地避免"彩光污染"。做到除了商业步行街的彩光源可以采用光效高、寿命长的照明设备外，城市一般照明使用的器材应是节能效果显著、无光污染的绿色照明产品。

其次，对广告牌和霓虹灯应加以控制和科学管理；在建筑物和娱乐场所周围，要多植树、栽花、种草和增加水面，以便改善光环境；注意减少大功率强光源等。力求使城市风貌和谐自然，让人们能够生活在一个宁静、舒适、安全、无污染、无公害的优美环境中。

眩光污染

汽车夜间行驶时照明用的头灯，厂房中不合理的照明布置等都会造成眩光。某些工作场所，例如火车站和机场以及自动化企业的中央控制室，过多和过分复杂的信号灯系统也会造成工作人员视觉锐度的下降，从而影响工作效率。焊枪所产生的强光，若无适当的防护措施，也会伤害人的眼睛。长期在强光条件下工作的工人（如冶炼工、熔烧工、吹玻璃工等）也会由于强光而使眼睛受害。

绿色照明

绿色照明，是美国国家环保局于上世纪90年代初提出的概念。完整的绿色照明内涵包含高效节能、环保、安全、舒适等4项指标，不可或缺。高效节能意味着以消耗较少的电能获得足够的照明，从而明显减少电厂大气污染物的排放，达到环保的目的。安全、舒适指的是光照清晰、柔和及不产生紫外线、眩光等有害光照，不产生光污染。

其他光污染

激光污染

激光污染也是光污染的一种特殊形式。由于激光具有方向性好、能量集中、颜色纯等特点，而且激光通过人眼晶状体的聚焦作用后，到达眼底时的光强度可增大几百至几万倍，所以激光对人眼有较大的伤害作用。激光光谱的一部分属于紫外和红外范围，会伤害眼结膜、虹膜和晶状体。功率很大的激光能危害人体深层组织和神经系统。近年来，激光在医学、生物学、环境监测、物理学、化学、天文学以及工业等多方面的应用日益广泛，激光污染愈来愈受到人们的重视。

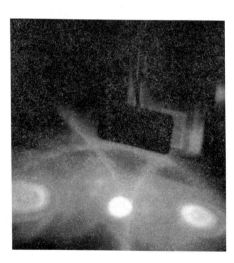
舞厅内的镭射灯也会造成激光污染

"镭视光饰"作为新工具，在舞台、舞厅里得到广泛使用。镭视光饰频频换转方向，射出各种色彩的光亮和图像，令人感到新奇，增添了舞台的表现效果。所谓"镭视"，与放射性元素镭无关，指的是激光，是英文的译音。如果在镭射光中稍不注意，便会造成激光污染。

科学家经过研究发现，激光光束照射人眼的水晶体，会引起白内障。其次，炫目的彩光，久视之后也会影响视神经和中枢神经系统，使人出现头晕眼花等症状。所以，在娱乐场所过分接触激光刺激，可能对人体造成危害，不可忽视。

红外线污染

红外线近年来在军事、人造卫星以及工业、卫生、科研等方面的应用日益广泛，因此红外线污染问题也随之产生。红外线是一种热辐射，对人体可造成高温伤害。较强的红外线可造成皮肤伤害，其情况与烫伤相似，最初是灼痛，然后是造成烧伤。红外线对眼的伤害有几种不同情况，波长为 7500～13000 埃的红外线对眼角膜的透过率较高，可造成眼底视网膜的伤害。尤其是11000 埃附近的红外线，可使眼的前部介质（角膜、晶体等）不受损害而直接造成眼底视网膜烧伤。波长 19000 埃以上的红外线，几乎全部被角膜吸收，会造成角膜烧伤（混浊、白斑）。波长大于 14000 埃的红外线的能量绝大部分被角膜和眼内液所吸收，透不到虹膜。只是 13000 埃以下的红外线才能透到虹膜，造成虹膜伤害。人眼如果长期暴露于红外线可能引起白内障。

紫外线污染

紫外线最早是应用于消毒以及某些工艺流程。近年来它的使用范围不断扩大，如用于人造卫星对地面的探测。紫外线的效应按其波长而有不同，波长为 1000～1900 埃的真空紫外部分，可被空气和水吸收；波长为 1900～3000埃的远紫外部分，大部分可被生物分子强烈吸收；波长为 3000～3300 埃的近紫外部分，可被某些生物分子吸收。

紫外线对人体伤害主要是眼角膜和皮肤。造成角膜损伤的紫外线主要为2500～3050 埃部分，而其中波长为 2880 埃的作用最强。角膜多次暴露于紫外

线，并不增加对紫外线的耐受能力。紫外线对角膜的伤害作用表现为一种叫做畏光眼炎的极痛的角膜白斑伤害。除了剧痛外，还导致流泪、眼睑痉挛、眼结膜充血和睫状肌抽搐。紫外线对皮肤的伤害作用主要是引起红斑和小水疱，严重时会使表皮坏死和脱皮。人体胸、腹、背部皮肤对紫外线最敏感，其次是前额、肩部和臀部，再次为脚掌和手背。

虹　膜

虹膜，属于眼球中层，位于血管膜的最前部，在睫状体前方，有自动调节瞳孔的大小，调节进入眼内光线多少的作用。虹膜中央有瞳孔。在马、牛瞳孔的边缘上有虹膜粒。

著名的光学科学家
ZHUMING DE GUANGXUE KEXUEJIA

公元前400多年，《墨经》中记录了世界上最早的光学知识。墨子是世界上最早对光学研究的学者。

公元11世纪，阿拉伯人伊本·海赛木发明透镜；公元16世纪到17世纪初，詹森和李普希同时独立地发明显微镜；17世纪上半叶，斯涅耳和笛卡儿将光的反射和折射的观察结果，归结为反射定律和折射定律。

1665年，牛顿进行太阳光的实验，它把太阳光分解成简单的组成部分，这些成分形成一个颜色按一定顺序排列的光分布——光谱。它使人们第一次接触到光的客观的和定量的特征，各单色光在空间上的分离是由光的本性决定的。

19世纪初，波动光学初步形成，其中托马斯·杨圆满地解释了"薄膜颜色"和双狭缝干涉现象。菲涅耳于1818年以杨氏干涉原理补充了惠更斯原理，由此形成了今天为人们所熟知的惠更斯—菲涅耳原理，用它可圆满地解释光的干涉和衍射现象，也能解释光的直线传播。

光学发展到今天，特别是在应用领域取得了一个个显著的成果，这一切是与光学历史上的诸多科学家的努力分不开的。

色散的发现者——牛顿

艾萨克·牛顿（1643 年 1 月 4 日至 1727 年 3 月 31 日），是英国伟大的数学家、物理学家、天文学家和自然哲学家。1643 年 1 月 4 日生于英格兰林肯郡格兰瑟姆附近的沃尔索普村，1727 年 3 月 20 日在伦敦病逝。

在牛顿以前，墨子、培根、达·芬奇等人都研究过光学现象。反射定律是人们很早就认识的光学定律之一。近代科学兴起的时候，伽利略靠望远镜发现了"新宇宙"，震惊了世界；荷兰数学家斯涅尔首先发现了光的折射定律；笛卡尔提出了光的微粒说……

牛　顿

牛顿以及跟他差不多同时代的胡克、惠更斯等人，也像伽利略、笛卡尔等前辈一样，用极大的兴趣和热情对光学进行研究。1666 年，牛顿在家休假期间，得到了三棱镜，他用来进行了著名的色散试验。一束太阳光通过三棱镜后，分解成几种颜色的光谱带，牛顿再用一块带狭缝的挡板把其他颜色的光挡住，只让一种颜色的光在通过第二个三棱镜，结果出来的只是同样颜色的光。这样，他就发现了白光是由各种不同颜色的光组成的，这是第一大贡献。

牛顿为了验证这个发现，设法把几种不同的单色光合成白光，并且计算出不同颜色光的折射率，精确地说明了色散现象。揭开了物质的颜色之谜，原来物质的色彩是不同颜色的光在物体上有不同的反射率和折射率造成的。公元 1672 年，牛顿把自己的研究成果发表在《皇家学会哲学杂志》上，这是他第一次公开发表的论文。

许多人研究光学是为了改进折射望远镜。牛顿由于发现了白光的组成，认为折射望远镜透镜的色散现象是无法消除的（后来有人用具有不同折射率的玻璃组成的透镜消除了色散现象），就设计和制造了反射望远镜。

牛顿不但擅长数学计算，而且能够自己动手制造各种试验设备并且作精细实验。为了制造望远镜，他自己设计了研磨抛光机，实验各种研磨材料。1668 年，他制成了第一架反射望远镜样机，这是第二大贡献。1671 年，牛顿把经过改进的反射望远镜献给了皇家学会，牛顿名声大震，并被选为皇家学会会员。反射望远镜的发明奠定了现代大型光学天文望远镜的基础。

同时，牛顿还进行了大量的观测实验和数学计算，比如研究惠更斯发现的冰川石的异常折射现象，胡克发现的肥皂泡的色彩现象，"牛顿环"的光学现象等。

牛顿还提出了光的"微粒说"，认为光是由微粒形成的，并且走的是最快速的直线运动路径。他的"微粒说"与后来惠更斯的"波动说"构成了关于光的两大基本理论。此外，他还制作了牛顿色盘等多种光学仪器。

三棱镜

三棱镜，由透明材料做成的截面呈三角形的光学仪器，也叫"棱镜"，光学上用横截面为三角形的透明体叫做三棱镜，光密媒质的棱镜放在光疏媒质中（通常在空气中），入射到棱镜侧面的光线经棱镜折射后向棱镜底面偏折。

光从棱镜的一个侧面射入，从另一个侧面射出，出射光线将向底面（第三个侧面）偏折，偏折角的大小与棱镜的折射率、棱镜的顶角和入射角有关。

白光是由各种单色光组成的复色光；同一种介质对不同色光的折射率不同；不同色光在同一介质中传播的速度不同。

所以，因为同一种介质对各种单色光的折射率不同，所以通过三棱镜时，各单色光的偏折角不同。因此，白色光通过三棱镜会将各单色光分开，形成红、橙、黄、绿、蓝、靛、紫七种色光即色散。

望远镜的首创者——伽利略

伽利略·伽利雷（1564～1642 年），1564 年 2 月 15 日出生在意大利西海岸比萨城一个破落的贵族之家，他是伟大的意大利物理学家和天文学家，科学革命的先驱。

伽利略

伽利略在帕多瓦大学工作期间，一个偶然的事件，使伽利略改变了研究方向。他从力学和物理学的研究转向广漠无垠的茫茫太空了。

那是 1609 年 6 月，伽利略听到一个消息，说是荷兰有个眼镜商人利帕希在一次偶然的发现中，用一种镜片看见了远处肉眼看不见的东西。"这难道不正是我需要的千里眼吗？"伽利略非常高兴。不久，伽利略的一个学生从巴黎来信，进一步证实这个消息的准确性，信中说尽管不知道利帕希是怎样做的，但是这个眼镜商人肯定是制造了一个镜管，用它可以使物体放大许多倍。

"镜管！"伽利略把来信翻来覆去看了好几遍，急忙跑进他的实验室。他找来纸和鹅管笔，开始画出一张又一张透镜成像的示意图。伽利略由镜管这个提示受到启发，看来镜管能够放大物体的秘密在于选择怎样的透镜，特别是凸透镜和凹透镜如何搭配。他找来有关透镜的资料，不停地进行计算，忘记了暮色爬上窗户，也忘记了曙光是怎样射进房间。

整整一个通宵，伽利略终于明白，把凸透镜和凹透镜放在一个适当的距离，就像那个荷兰人看见的那样，遥远的肉眼看不见的物体经过放大也能看清了。

伽利略非常高兴。他顾不上休息，立即动手磨制镜片，这是一项很费时间又需要细心的活儿。他一连干了好几天，磨制出一对对凸透镜和凹透镜，然后又制作了一个精巧的可以滑动的双层金属管。

伽利略小心翼翼地把一片大一点的凸透镜安在管子的一端，另一端安上一片小一点的凹透镜，然后把管子对着窗外。当他从凹透镜的一端望去时，奇迹出现了，那远处的教堂仿佛近在眼前，可以清晰地看见钟楼上的十字架，甚至连一只在十字架上落脚的鸽子也看得非常逼真。

伽利略制成望远镜的消息马上传开了。"我制成望远镜的消息传到威尼斯"，在一封写给妹夫的信里，伽利略写道："一星期之后，就命我把望远镜呈献给议长和议员们观看，他们感到非常惊奇。绅士和议员们，虽然年纪很大了，但都按次序登上威尼斯的最高钟楼，眺望远在港外的船只，看得都很清楚；如果没有

月球表面

我的望远镜，就是眺望两个小时，也看不见。这仪器的效用可使 50 英里以外的物体，看起来就像在 5 英里以内那样。"

后在 1609 年，伽利略又创了天文望远镜，并用来观测天体，他发现了月球表面的凹凸不平，并亲手绘制了第一幅月面图。1610 年 1 月 7 日，伽利略发现了木星的四颗卫星，为哥白尼学说找到了确凿的证据，标志着哥白尼学说开始走向胜利。借助于望远镜，伽利略还先后发现了土星光环、太阳黑子、太阳的自转、金星和水星的盈亏现象、月球的周日和周月以及银河是由无数恒星组成等。这些发现开辟了天文学的新时代。这是天文学研究中具有划时代意义的一次革命，几千年来天文学家单靠肉眼观察日月星辰的时代结束了，代之而起的是光学望远镜。有了这种有力的武器，近代天文学的

大门被打开了。

天文望远镜的巨擘——赫歇尔

弗里德里希·威廉·赫歇尔（1738～1822年），英国天文学家、古典作曲家、音乐家，恒星天文学的创始人，被誉为恒星天文学之父。生于德国，1758年迁居英国。英国皇家天文学会第一任会长，法兰西科学院院士。他用自己设计的大型反射望远镜发现天王星及其两颗卫星、土星的两颗卫星、太阳的空间运动、太阳光中的红外辐射；编制成第一个双星和聚星表，出版星团和星云表；还研究了银河系结构。

赫歇尔

1781年，赫歇尔发现了太阳系中的第七颗行星——天王星，还发现了土星的两颗卫星和天王星的两颗卫星。

1782年，赫歇尔编制成了第一个双星表，他还发现了多数双星不是表面上的"光学双星"，而是真正的"物理双星"。

1783年，赫歇尔发现了太阳的自转，他得到的太阳运动方向和现代测量数据相差不到10°。

1786、1789、1802年，赫歇尔先后三次出版星团、星云表，记录了2500个星云和星团。

赫歇尔最重大的贡献，莫过于对银河系结构的研究，他是第一个确定了银河系形状大小和星数的人。

1781年太阳系的第七颗大行星——天王星的问世，彻底改变了人类对太阳系的认识。发现者威廉·赫歇尔从此蜚声天下，从一个爱好天文学的乐师变成了精通乐理的天文学家。

赫歇尔的贡献几乎涉及天文学的所有领域。在太阳系中，除了天王星外，他还发现了四颗卫星：天卫三、木卫四、土卫一和土卫二。通过数十年如一日 1083 次单调枯燥的恒星计数工作，从 60 万颗恒星的测量证明了银河系的存在，并探知了它的形状、结构与大小。尽管限于当时的条件，他的一些结论并不完全正确，但无疑他是真正的"恒星天文学之父"，是开创银河系研究的先行者。他所记录下来的星团与星云多达 2500 个，并发现了一种新的天体——行星状星云。通过对恒星运动的研究，他指出太阳在银河系中也在运动着，即太阳率领着它的"子孙"，以每秒几十千米的巨大速度向着武仙座与天琴座毗邻的方向疾驰而去。他还是最早发现太阳有红外线发射的科学家，红外天文学也是由此发端起来。他自己在一生中则发现了 848 对双星，并证实了维系着双星的是牛顿的万有引力理论，其运动则遵循着开普勒定律。

赫歇耳对于天文望远镜的贡献更是无与伦比的，也是制造望远镜最多的天文学家。他一生磨制的反射镜面多达 400 多块。从 1773 年起，他亲自动手磨制镜头就磨了半个世纪。这是一项极为枯燥又繁重的体力加智慧的工作，要把一块坚硬的铜盘磨成规定的极其光洁的凹面形，表面误差比头发丝还要细许多倍，中途还不能停顿，其难度可想而知。所以有时他要连续干上 10 多个小时，吃饭时只能由他的妹妹来喂他，而且开始时他连连失败了 200 多次，以至他的一个弟弟终于失去了耐心，颓伤地离他而去，直到 1774 年他才尝到了胜利的欢乐，制成了一架口径 15 厘米、长 2.1 米的反射望远镜，天王星正是它的突出成果。在英王乔治三世的大力支持下，通过三年多的不懈努力，终于在 1789 年他 51 岁时，制造出了称雄世界多年的最大望远镜，它的镜筒直径达 1.5 米，差不多要三个人才能合围，镜筒长 12.2 米，竖起来有四层楼高，光是镜头就重 2 吨！这架像巨型大炮似的望远镜在使用的第一夜，就发现了土星的第一颗卫星——土卫二，两个月后又发现了土卫一。

天文望远镜

天文望远镜，是观测天体的重要手段，可以毫不夸大地说，没有望远镜的诞生和发展，就没有现代天文学。随着望远镜在各方面性能的改进和提高，天文学也正经历着巨大的飞跃，迅速推进着人类对宇宙的认识。

天文望远镜上一般有两只镜筒，大的是主镜，是观测目标所用的；小的叫寻星镜，是寻找目标所用的，也叫瞄准镜。当我们每次把望远镜从箱中取出安装或者大幅度移动时，都要重新调节两个镜的光轴平行，以便为观测时创造方便的环境。

巨匠——爱因斯坦

在英国路透社评选千年风云人物的活动中，名列第一的是爱因斯坦，马克思以一分之差名列第二。

阿尔伯特·爱因斯坦（1879～1955年），美国物理学家，犹太人，据说智商达到160，现代物理学的开创者和奠基人，相对论——"质能关系"的提出者，"决定论量子力学诠释"的捍卫者（振动的粒子）——不掷骰子的上帝。1999年12月26日，爱因斯坦被美国《时代周刊》评选为"世纪伟人"。

早在16岁时，爱因斯坦就从书本上了解到光是以很快速度前进的电磁波，他产生了一个想法，如果一个人以光的速度运动，他将看到一幅什么样的世界景象呢？他将看不到前进的光，只能看到在空间里振荡着却停滞不前的电磁场。这种事可能发生吗？

与此相联系，他非常想探讨与光波有关的所谓以太的问题。以太这个名词源于希腊，用以代表组成天上物体的基本元素。17世纪，笛卡尔首次将它引入科学，作为传播光的媒质。其后，惠更斯进一步发展了以太学说，认为荷载光波的媒介物是以太，它应该充满包括真空在内的全部空间，并能渗透到通常的物质中。与惠更斯的看法不同，牛顿提出了光的微粒说。牛顿认为，发光体发射出的是以直线运动的微粒粒子流，粒子流冲击视网膜就引起视觉。18 世纪牛顿的微粒说占了上风，然而到了 19 世纪，却是波动说占了绝对优势，以太的学说也因此大大发展。当时的看法是，波的传播要依赖于媒质，因为光可以在真空中传播，传播光波的媒质是充满整个空间的以太，也叫光以太。与此同时，电磁学得到了蓬勃发展，经过麦克斯韦、赫兹等人的努力，形成了成熟的电磁现象的动力学理论——电动力学，并从理论与实践上将光和电磁现象统一起来，认为光就是一定频率范围内的电磁波，从而将光的波动理论与电磁理论统一起来。以太不仅是光波的载体，也成了电磁场的载体。直到 19 世纪末，人们企图寻找以太，然而从未在实验中发现以太。

爱因斯坦

但是，电动力学遇到了一个重大的问题，就是与牛顿力学所遵从的相对性原理不一致。关于相对性原理的思想，早在伽利略和牛顿时期就已经有了。电磁学的发展最初也是纳入牛顿力学的框架，但在解释运动物体的电磁过程时却遇到了困难。按照麦克斯韦理论，真空中电磁波的速度，也就是光的速度是一个恒量，然而按照牛顿力学的速度加法原理，不同惯性系的光速不同，这就出现了一个问题：适用于力学的相对性原理是否适用于电磁学？例如，有两辆汽车，一辆向你驶近，一辆驶离。你看到前一辆车的灯光向你靠近，后一辆车的灯光远离。按照麦克斯韦的理论，这两种光的速度相同，汽车的速度在其中不起作用。但根据伽利略理论，这两项的测量结果不同。向你驶来的车将发出的光加速，即前车的光速＝光速＋车速；而驶离车的光速较慢，因为后车的光速＝光速－车速。麦克斯韦与伽利略关于速度的说法明显相悖。我们如何解决这一分歧呢？

19 世纪理论物理学达到了巅峰状态，但其中也隐含着巨大的危机。海王星的发现显示出牛顿力学无比强大的理论威力，电磁学与力学的统一使物理学显示出一种形式上的完整，并被誉为"一座庄严雄伟的建筑体系和动人心弦的美丽的庙堂"。在人们的心目中，古典物理学已经达到了近乎完美的程度。德国著名的物理学家普朗克年轻时曾向他的老师表示要献身于理论物理学，老师劝他说："年轻人，物理学是一门已经完成了的科学，不会再有多大的发展了，将一生献给这门学科，太可惜了。"

爱因斯坦似乎就是那个将构建崭新的物理学大厦的人。在伯尔尼专利局的日子里，爱因斯坦广泛关注物理学界的前沿动态，在许多问题上深入思考，并形成了自己独特的见解。在十年的探索过程中，爱因斯坦认真研究了麦克斯韦电磁理论，特别是经过赫兹和洛伦兹发展和阐述的电动力学。爱因斯坦坚信电磁理论是完全正确的，但是有一个问题使他不安，这就是绝对参照系以太的存在。他阅读了许多著作发现，所有人试图证明以太存在的试验都是失败的。经过研究爱因斯坦发现，除了作为绝对参照系和电磁场的荷载物外，以太在洛伦兹理论中已经没有实际意义。于是他想到：以太绝对参照系是必要的吗？电磁场一定要有荷载物吗？

爱因斯坦喜欢阅读哲学著作，并从哲学中吸收思想营养，他相信世界的统一性和逻辑的一致性。相对性原理已经在力学中被广泛证明，但在电动力学中却无法成立，对于物理学这两个理论体系在逻辑上的不一致，爱因斯坦提出了怀疑。他认为，相对论原理应该普遍成立，因此电磁理论对于各个惯性系应该具有同样的形式，但在这里出现了光速的问题。光速是不变的量还是可变的量，成为相对性原理是否普遍成立的首要问题。当时的物理学家一般都相信以太，也就是相信存在着绝对参照系，这是受到牛顿的绝对空间概念的影响。19世纪末，马赫在所著的《发展中的力学》中，批判了牛顿的绝对时空观，这给爱因斯坦留下了深刻的印象。1905年5月的一天，爱因斯坦与一个朋友贝索讨论这个已探索了十年的问题，贝索按照马赫主义的观点阐述了自己的看法，两人讨论了很久。突然，爱因斯坦领悟到了什么，回到家经过反复思考，终于想明白了问题。第二天，他又来到贝索家，说：谢谢你，我的问题解决了。原来爱因斯坦想清楚了一件事：时间没有绝对的定义，时间与光信号的速度有一种不可分割的联系。他找到了开锁的钥匙，经过五个星期的努力工作，爱因斯坦把狭义相对论呈现在人们面前。

引力透镜

引力透镜，光线在引力场中发生偏折，就像光线从空气进入玻璃一样，玻璃能用来做透镜使物体成像，引力场也一样。引力透镜效应是阿尔伯特·爱因斯坦的广义相对论所预言的一种现象，由于时空在大质量天体附近会发生畸变，使光线在大质量天体附近发生弯曲（光线沿弯曲空间的短程线传播）。如果在观测者到光源的视线上有一个大质量的前景天体，则在光源的两侧会形成两个像，就好像有一面透镜放在观测者和天体之间一样，这种现象称之为引力透镜效应。对引力透镜效应的观测证明阿尔伯特·爱因斯坦的广义相对论确实是引力的正确描述。

光学实验物理学家——赵友钦

赵友钦，或名敬，字子恭，自号缘督，因此别人就称他为缘督先生。宋末元初人。他是宋室汉王十二世子孙，籍贯为江西鄱阳。宋朝灭亡后，为避免受到新王朝的迫害，他浪迹江湖，隐逸道家。

赵友钦是我国古代卓越的科学家，在天文学、数学和光学等方面都有成就。他注《周易》数万言，著有《革象新书》、《金丹正理》、《盟天录》、《推步立成》等书，可惜除《革象新书》外的其他著述，都已失散了。

我国古代光学有着许多辉煌的成就，如对光的直线传播、小孔成像等现象，很早就有研究。《墨经》、《梦溪笔谈》在这方面都有记载。然而对光线直进、小孔成像与照明度最有研究并最早进行大规模实验的当推赵友钦。他的这些实验在世界物理学史上是首创的，它被记载在《革象新书》的"小罅光景"那一部分中。

"小罅光景"中介绍了两个关于小孔成像的光学实验。

第一个是，利用壁间小孔成像。第二个实验则是一个在楼房中进行的、更为复杂的大型实验。

分五步进行：

（1）光源、小孔、像屏三者距离保持不变；

（2）改变光源的形状，做了"小景随日月亏食"的模拟实验；

（3）改变像距；

（4）改变物距；

（5）改变孔的大小和形状。

赵友钦在结束"小罅光景"篇时最后写道："是故小景随光之形，大景随空之象，断乎无可疑者。"

此外，他还研究了"月体半明"的问题。他将一个黑漆球挂在屋檐下，比作月球，反射太阳光。黑漆球总是半个球亮半个球暗。人从不同位置去看黑球，看到黑球反光部分的形状不一样。他通过这个模拟实验，形象地解释了月的盈亏现象。

他对视角问题也有自己的看法。他说："远视物则微，近视物则大"，"近视物则虽小犹大，远视物则虽广犹窄。"

赵友钦既重视实验，又重视理论探索。在安排实验步骤时，每个步骤都确定一个因素作为研究对象，而将其他的因素控制不变。这种思想方法也是十分科学的。

如果把赵友钦称之为13世纪末的光学实验物理学家，他是当之无愧的。

小孔成像

小孔成像，用一个带有小孔的板遮挡在屏幕与物之间，屏幕上就会形成物的倒像，我们把这样的现象叫小孔成像。前后移动中间的板，像的大小也会随之发生变化。这种现象反映了光沿直线传播的性质。

近代光学奠基者——开普勒

开普勒出生在德国南部的瓦尔城。他的一生颠沛流离，是在宗教斗争（天主教和新教）情势中度过的。开普勒原是个新教徒，从学校毕业后，进入新教的神学院——杜宾根大学攻读，本想将来当个神学者，但后来却对光学发生浓厚兴趣和爱好。

开普勒在光学领域的贡献是非常卓越的，他是近代光学的奠基者。1604年发表《对威蒂略的补充，天文光学说明》。他研究了小孔成像，并从几何光学的角度加以解释说明。他指出光的强度和光源的距离的平方成反比。开普勒研究过光的折射问题，1611年，开普勒发表了《折光学》一书，阐述了光的折射原理，认为折射的大小不能单单从物质密度的大小来考虑。例如油的密度比水的密度小，而它的折射却比水的折射大。为折射望远镜的发明奠定

开普勒

了基础。

开普勒还发现大气折射的近似定律，用很简单的方法计算大气折射，并且说明在天顶大气折射为零。他最先认为大气有重量，并且正确地说明月全食时月亮呈红色是由于一部分太阳光被地球大气折射后投射到月亮上而造成的。

他最早提出了光线和光束的表示法，还成功地改进了望远镜。他把伽利略望远镜的凹透镜目镜改成小凸透镜，这种望远镜被称为开普勒望远镜。

开普勒还对人的视觉进行了研究，纠正了以前人们所认为的视觉是由眼睛发射出光的错误观点。他认为人看见物体是因为物体所发出的光通过眼睛的水晶体投射在视网膜上，并且解释了产生近视眼和远视眼的原因。

其他光学家

伊本·海赛木（约 965～约 1039 年），中世纪阿拉伯学者。又译为阿尔哈曾，曾简译为海桑。在光学、医学、天文学和数学方面都有重大贡献。11世纪初，埃及流行眼病，当时在开罗的天文中心工作的伊本·海赛木根据医师们的经验，特别是通过他自己的一些有关反射、折射、暗室视觉等实验，仔细研究了人的视觉。在其名著《光学宝鉴》中，他否定了人眼对外发光的旧视觉观念及提出由物体发出光线锥而引起视觉的观点；他所提出的人眼结构和眼球内的三种透明体的名称沿用至今；他明确入射光与反射光共面及球面反射成像原理；他还讨论了光之折射和玻璃球的放大像的作用。除《光学宝鉴》外，他还有几何学著作及一些保留下来的手稿，其他均已散失。

笛卡尔

勒奈·笛卡尔（1596～1650年），出生于法国，是法国数学家、科学家和哲学家。

笛卡尔不仅在哲学领域里开辟了一条新的道路，同时笛卡尔又是一勇于探索的科学家，在物理学、生理学等领域都有值得称道的创见，特别是在物理学方面做出了有益的贡献。从1619年读了约翰尼斯·开普勒的光学著作后，笛卡儿就一直关注着透镜理论，并从理论和实践两方面参与了对光的本质、反射与折射率以及磨制透镜的研究。他把光的理论视为整个知识体系中最重要的部分。

笛卡尔

笛卡尔运用他的坐标几何学从事光学研究，在《屈光学》中第一次对折射定律提出了理论上的推证。他认为光是压力在以太中的传播，他从光的发射论的观点出发，用网球打在布面上的模型来计算光在两种媒质分界面上的反射、折射和全反射，从而首次在假定平行于界面的速度分量不变的条件下导出折射定律；不过他的假定条件是错误的，他的推证得出了光由光疏媒质进入光密媒质时速度增大的错误结论。他还对人眼进行光学分析，解释了视

力失常的原因是晶状体变形，设计了矫正视力的透镜。

威里布里德·斯涅耳

威里布里德·斯涅耳（1591～1626年），荷兰莱顿人，数学家和物理学家，曾在莱顿大学担任过数学教授。斯涅尔最早发现了光的折射定律，从而使几何光学的精确计算成为了可能。斯涅耳的这一折射定律（也称斯涅耳定律）是从实验中得到的，未做任何的理论推导，虽然正确，但却从未正式公布过。只是后来惠更斯和伊萨克·沃斯两人在审查他遗留的手稿时，才看到这方面的记载。

斯涅耳

首次把折射定律表述为今天的这种形式的是笛卡儿，他没做任何的实验，只是从一些假设出发，并从理论上推导出这个定律的。笛卡儿在他的《屈光学》（1637）一书中论述了这个问题。

折射定律是几何学的最重要基本定律之一。斯涅耳的发现为几何光学的发展奠定了理论基础，把光学的发展大大地推进了一步。

惠更斯

克里斯蒂安·惠更斯（1629～1695年）于1629年4月14日出生于海牙，是荷兰著名的物理学家、天文学家、数学家、他是介于伽利略与牛顿之间一位重要的物理学先驱，是历史上最著名的物理学家之一，他对力学的发展和光学的研究都有杰出的贡献。

1645～1647 年在莱顿大学学习法律与数学；1647～1649 年转入布雷达学院深造。在阿基米德等人著作及笛卡儿等人直接影响下，致力于力学、光波学、天文学及数学的研究。他善于把科学实践和理论研究结合起来，透彻地解决问题。因此，在摆钟的发明、天文仪器的设计、弹性体碰撞和光的波动理论等方面都有突出成就。

惠更斯

惠更斯原理是近代光学的一个重要基本理论。但它虽然可以预料光的衍射现象的存在，却不能对这些现象做出解释，也就是它可以确定光波的传播方向，而不能确定沿不同方向传播的振动的振幅。因此，惠更斯原理是人类对光学现象的一个近似的认识。直到后来，菲涅耳对惠更斯的光学理论作了发展和补充，创立了"惠更斯—菲涅耳原理"，才较好地解释了衍射现象，完成了光的波动说的全部理论。

1678 年，他在法国科学院的一次演讲中公开反对了牛顿的光的微粒说。他说，如果光是微粒性的，那么光在交叉时就会因发生碰撞而改变方向。可当时人们并没有发现这一现象，而且利用微粒说解释折射现象，将得到与实际相矛盾的结果。因此，惠更斯在 1690 年出版的《光论》一书中正式提出了光的波动说，建立了著名的惠更斯原理。在此原理基础上，他推导出了光的反射和折射定律，圆满地解释了光速在光密介质中减小的原因，同时还解释了光进入冰洲石所产生的双折射现象，认为这是由于冰洲石分子微粒为椭圆形所致。

菲涅耳

菲涅耳（1788～1827年）是法国物理学家和铁路工程师。1788年5月10日生于布罗利耶，1806年毕业于巴黎工艺学院，1809年又毕业于巴黎桥梁与公路学校。1823年当选为法国科学院院士，1825年被选为英国皇家学会会员。1827年7月14日因肺病医治无效而逝世，终年仅39岁。

菲涅耳

菲涅耳的科学成就主要有两个方面。一是衍射。他以惠更斯原理和干涉原理为基础，用新的定量形式建立了惠更斯—菲涅耳原理，完善了光的衍射理论。他的实验具有很强的直观性、敏锐性，很多现仍通行的实验和光学元件都冠有菲涅耳的姓氏，如：双面镜干涉、波带片、菲涅耳透镜、圆孔衍射等。另一成就是偏振。他与D. F. J. 阿拉果一起研究了偏振光的干涉，确定了光是横波（1821）；他发现了光的圆偏振和椭圆偏振现象（1823），用波动说解释了偏振面的旋转；他推出了反射定律和折射定律的定量规律，即菲涅耳公式；解释了马吕斯的反射光偏振现象和双折射现象，奠定了晶体光学的基础。

菲涅耳由于在物理光学研究中的重大成就，被誉为"物理光学的缔造者"。

伦　琴

威尔姆·康拉德·伦琴（1845～1923年），德国物理学家，1845年3月27日生于莱纳普，三岁时全家迁居荷兰并入荷兰籍。1865年迁居瑞士苏黎世，伦琴进入苏黎世联邦工业大学机械工程系，1868年毕业。1869年获苏黎世大学博士学位，并担任了物理学教授 A.
孔脱的助手；1870 年随同孔脱返回德国，
1871 年随他到维尔茨堡大学，1872 年又随
他到斯特拉斯堡大学工作。1894 年任维尔
茨堡大学校长，1900 年任慕尼黑大学物理
学教授和物理研究所主任。1923 年 2 月 10
日在慕尼黑逝世。

伦琴一生在物理学许多领域中进行过
实验研究工作，如对电介质在充电的电容
器中运动时的磁效应、气体的比热容、晶
体的导热性、热释电和压电现象、光的偏
振面在气体中的旋转、光与电的关系、物
质的弹性、毛细现象等方面的研究都作出
了一定的贡献，由于他发现 X 射线而赢得
了巨大的荣誉，以致这些贡献大多不为人所注意。

伦琴

1895 年 11 月 8 日，伦琴在进行阴极射线的实验时第一次注意到放在射线
管附近的氰亚铂酸钡小屏上发出微光。经过几天废寝忘食的研究，他确定了
荧光屏的发光是由于射线管中发出的某种射线所致。因为当时对于这种射线
的本质和属性还了解得很少，所以他称它为 X 射线，表示未知的意思。同
年 12 月 28 日，《维尔茨堡物理学医学学会会刊》发表了他关于这一发现的
第一篇报告。他对这种射线继续进行研究，先后于 1896 年和 1897 年又发
表了新的论文。1896 年 1 月 23 日，伦琴在自己的研究所中作了第一次报
告，报告结束时，用 X 射线拍摄了维尔茨堡大学著名解剖学教授克利克尔
一只手的照片；克利克尔带头向伦琴欢呼三次，并建议将这种射线命名为
伦琴射线。

此时，发现 X 射线的新闻在全世界引起了巨大的震动。当时人们对这些
射线的无限惊讶：几乎任何东西对它们来说都是透明的，用这些射线人们可
以看见自己的骨骼。没有肉但是带有指环的手指，十分清楚，像嵌入体内的

子弹一样。人们立即就领悟到它对医学的影响。1月23日，伦琴为物理医学学会作了关于他的发现的惟一的一次公开讲演。人们以暴风雨般的掌声向他致意。以那时的知识来说，伦琴关于X射线的工作是完全够格的了，但他没有理解X射线的性质。1895年伦琴的著名论文的最后，他写道：这些新射线不会是以太的纵振动吧？我必须承认在我的研究过程中我越来越相信了，因此对我来说应该宣布我的猜测，虽然我很清楚这种解释需要进一步的确证。这个"进一步的确证"始终没有得到，而且，花了整整十六年，依靠了马克斯·冯·劳厄和弗里德里希以及克尼平的工作才解决了关于X射线性质的争论。

在发现了X射线后的数月中，伦琴收到了来自世界各地的讲学邀请，但是除了一个例外他谢绝了所有的邀请，因为他要继续研究他的X射线。他给请他去演示新射线的同行们写了短信，表达他的歉意，说明他没有时间作任何报告或表演。惟一的例外是对皇帝，1896年1月13日，他给皇帝演示了他的X射线。要给皇帝表演这件事一直使伦琴感到紧张，"我希望我使用这个管子时将托皇帝之福，遇上好运气"，他说，"因为这些管子是非常易碎的，经常被损坏，抽空一根管子需要四天。"但是没有出什么事。伦琴收到的这样一种去宫廷的邀请，除了讲演和演示之外，还要与皇帝一同进餐，接受一枚勋章（二级王冠勋章）。离去时，为了表示对陛下的尊敬，还得退着走出来。关于这一点，理查德·威尔斯泰特，对叶绿素复杂机制作出解释的有机化学家说，他和氨的合成者弗里茨·哈贝尔，在取得了他们的发现后，也曾期待着皇帝的邀请。所以他们练习倒退着走路。威尔斯泰特是一位精制瓷器的收集者，在他们练习倒走的房间里有一只昂贵的瓷瓶，不出所料，他们的练习以这只瓷瓶被打碎而告终。虽然他们没有受到皇帝邀请，但他们所做的练习并不是徒劳无益的。后来两人都获得了诺贝尔奖。按照礼节，在他们从瑞典国王手中接过奖品之后必须倒退着走路。伦琴发现了X射线之后，物理学家和医学界人士赶紧研究这种新的射线，在1896年已有1000篇以上关于这个课题的论文。在1896至1897年间，伦琴自己只写了两篇关于X射线的文章。然后，他回到原先研究的课题上去，在以后的24年里写过7篇只引起短暂兴趣的文章，而把对 X 射线的研究让给了其他年轻的新生力量。对他这样的做法的理由，人们只能推测而已。1901 年伦琴获得了第一个物理学诺贝尔奖。1900 年他已搬到了慕尼黑，在那里，他成为实验物理研究所所长。1914 年，他在著名的德国科学家表示他们与军国主义德国休戚相关的宣言上签了名，但后来他对此感到懊悔。在第一次世界大战期间和随后的通货膨胀中，他相当苦恼。1923 年 2 月 10 日，伦琴在慕尼黑逝世，享年 78 岁。

阿尔伯特·亚伯拉罕·迈克尔逊

迈克尔逊（1852～1931 年）因发明精密光学仪器和借助这些仪器在光谱学和度量学的研究工作中所做出的贡献，被授予了 1907 年度诺贝尔物理学奖。

迈克尔逊，1852 年 12 月 19 日出生于普鲁士斯特雷诺（现属波兰），童年随父母随居美国。受旧金山男子中学校长的引导，迈克尔逊对科学特别是光学和声学发生了兴趣，并展示了自己的实验才能。1869 年被选拔到美国安纳波利斯海军学院学习。毕业后曾任该校物理和化学讲师。1880～1882 年被批准到欧洲攻读研究生，先后到柏林大学、海德堡大学、法兰西学院学习。1883 年任俄亥俄州克利夫兰市开斯应用科学学院物理学教授。1889 年成为麻省伍斯特的克拉克大学的物理学教授，在这里着手进行计量学的一项宏伟计划。1892 年改任芝加哥大学物理学教授，后任该校第一任物理系主任，在这里他培养了对天文光谱学的兴趣。1910～1911 年担任美国科学促进会主席，1923～1927 年担任美国科学院院长。1931 年 5 月 9 日因脑溢血于加利福尼亚州的帕萨迪纳逝世，终年 79 岁。

迈克尔逊的名字是和迈克尔逊干涉仪及迈克尔逊—莫雷实验联系在一起的，实际上这也是迈克尔逊一生中最重要的贡献。在迈克尔逊的时代，人们认为光和一切电磁波必须借助绝对静止的"以太"进行传播，而"以太"是否存在以及是否具有静止的特性，在当时还是一个谜。有人试图测量地球对静止"以太"的运动所引起的"以太风"，来证明以太的存在和具有静止的特性，但由于仪器精度所限，遇到了困难。麦克斯韦曾于 1879 年写信给美国

航海年历局的 D. P. 托德，建议用罗默的天文学方法研究这一问题。迈克尔逊知道这一情况后，决心设计出一种灵敏度提高到亿分之一的方法，测出有关的效应。

1881 年他在柏林大学亥姆霍兹实验室工作，为此他发明了高精度的迈克尔逊干涉仪，进行了著名的以太漂移实验。他认为若地球绕太阳公转相对于以太运动时，其平行于地球运动方向和垂直地球运动方向上，光通过相等距离所需时间不同，因此在仪器转动 90° 时，前后两次所产生的干涉必有 0.04 条条纹移动。1881 年迈克尔逊用最初建造的干涉仪进行实验，这台仪器的光学部分用蜡封在平台上，调节很不方便，测量一个数据往往要好几小时。实验得出了否定结果。1884 年在访美的瑞利、开尔文等的鼓励下，他和化学家莫雷合作，提高干涉仪的灵敏度，得到的结果仍然是否定的。1887 年他们继续改进仪器，光路增加到 11 米，花了整整 5 天时间，仔细地观察地球沿轨道与静止以太之间的相对运动，结果仍然是否定的。这一实验引起科学家的震惊和关注，与热辐射中的"紫外灾难"并称为"科学史上的两朵乌云"。随后有 10 多人前后重复这一实验，历时 50 年之久。对它的进一步研究，导致了物理学的新发展。

迈克尔逊的另一项重要贡献是对光速的测定。早在海军学院工作时，由于航海的实际需要，他对光速的测定开始感兴趣，1879 年开始光速的测定工作。他是继菲佐、傅科、科纽之后，第四个在地面测定光速的。他得到了岳父的赠款和政府的资助，使他能够有条件改进实验装置。他用正八角钢质棱镜代替傅科实验中的旋转镜，由此使光路延长 600 米。返回光的位移达 133 毫米，提高了精度，改进了傅科的方法。他多次并持续进行光速的测定工作，其中最精确的测定值是在 1924～1926 年，在南加利福尼亚山间约 35 千米长的光路上进行的，其值为（299796±4）千米/秒。迈克尔逊从不满足已达到的精度，总是不断改进，反复实验，孜孜不倦，精益求精，整整花了半个世纪的时间，最后在一次精心设计的光速测定过程中，不幸因中风而去世，后来由他的同事发表了这次测量结果。他确实是用毕生的精力献身于光速的测定工作。

1920 年迈克尔逊和天文学家 F. G. 皮斯合作，把一台 20 英尺（约 6 米）的干涉仪放在 100 英寸（约 254 米）反射望远镜后面，构成了恒星干涉仪，用它测量了恒星参宿四（即猎户座一等变光星）的直径，它的直径相当大，为 2.50×10^8 英里（1 英里 = 1.6093 千米），约为太阳直径的 300 倍。此方法后被用来测定其他恒星的直径。

迈克尔逊的第一个重要贡献是发明了迈克尔逊干涉仪，并用它完成了著名的迈克尔逊—莫雷实验。按照经典物理学理论，光乃至一切电磁波必须借助静止的以太来传播。地球的公转产生相对于以太的运动，因而在地球上两个垂直的方向上，光通过同一距离的时间应当不同，这一差异在迈克尔逊干涉仪上应产生 0.04 个干涉条纹移动。1881 年，迈克耳逊在实验中未观察到这种条纹移动。1887 年，迈克尔逊和著名化学家莫雷合作，改进了实验装置，但仍未发现条纹有任何移动。这次实验的结果暴露了以太理论的缺陷，动摇了经典物理学的基础，为狭义相对论的建立铺平了道路。

迈克尔逊

迈克尔逊是第一个倡导用光波的波长作为长度基准的科学家。1892 年迈克尔逊利用特制的干涉仪，以法国的米原器为标准，在温度 15℃、压力 760 毫米汞柱的条件下，测定了镉红线波长是 6438.4696 埃，于是，1 米等于 1553164 倍镉红线波长。这是人类首次获得了一种永远不变且毁坏不了的长度基准。

在光谱学方面，迈克尔逊发现了氢光谱的精细结构以及水银和铊光谱的超精细结构，这一发现在现代原子理论中起了重大作用。迈克尔逊还运用自己发明的"可见度曲线法"对谱线形状与压力的关系、谱线展宽与分子自身运动的关系作了详细研究,其成果对现代分子物理学、原子光谱和激光光谱学等新兴学科都产生了重大影响。1898年,他发明了一种阶梯光栅来研究塞曼效应,其分辨本领远远高于普通的衍射光栅。

迈克尔逊是一位出色的实验物理学家,他所完成的实验都以设计精巧、精确度高而闻名,爱因斯坦曾赞誉他为"科学中的艺术家"。

李普曼

李普曼(1845～1921年)因发明基于干涉现象的彩色照相术,获得了1908年度诺贝尔物理学奖。

李普曼

李普曼是法国著名的物理学家,1845年8月16日出生于卢森堡。父亲是洛林人,母亲是阿尔萨斯人。他俩都在卢森堡的贵族官府里当家庭教师,生活是优裕的。但是他们深感自己是法国人,理应使儿子在祖国的怀抱里教养成人。在李普曼三岁时,尽管主人再三挽留,他的父母还是辞职离开了卢森堡,回到法国,在巴黎文化气氛最浓厚的拉丁区安了家。

李普曼生在这样一个书香之家,父母又都是踏踏实实、谦虚谨慎、有教养的人。他们对待学问的态度是严肃认真、一丝不苟的。这对李普曼思想品德的形成起了潜移默化的作用。

李普曼胸怀大志,又能埋头苦干。他在1868年考上了巴黎高等师范学校教育系,但是由于他对数理表现出很浓厚的兴趣,所以在第二年就转入物理系。在此后的10年里,他对物理学各方面都有所探究,特别是对实验物理学做出了很多贡献。1882 年，他应聘当了巴黎大学数理教授，后来由于他在实验物理学方面取得了优异成绩而名扬国内外。1886 年他被选为法国科学院院士。

1891 年，李普曼发明了彩色照片的复制方法，即彩色照相干涉法。该法不用染料和颜料，而是利用各种不同波长的天然颜色。李普曼是这样描述他的彩色照相法的："把带有灵敏照相胶片的平板放入一个装有水银的盒子中，在曝光期间，水银与该灵敏的胶片接触，形成了一个反射面。曝光后，按照普通方法把感光板进行处理，待该板干了以后，颜色就出现了。这种色彩可以通过反射看见，且永久不褪，这一结果是因为在灵敏胶片内部发生了干涉现象。在曝光期间，入射光与被反射面反射的光线发生干涉，从而在半个波长处形成了干涉条纹。正是这些条纹通过照相法记录在胶片中，从而留下了投射光线特征。当以后用白光照射观察底片时，由于选择反射的原因，底片上的每一点只把那些已记录在其上经过选择了的颜色反射到人们眼中，而其他颜色都通过干涉相消。因此，人们在照片上每一点都看到了像所呈现的颜色，而这仅仅是一种选择反射现象。照片本身是由没有彩色的物质构成的。"

由于这种彩色照相干涉法需要较长的曝光时间，而且产生的颜色不饱和，因而这一方法最终被麦克斯韦的三色照相法所取代，但仍是彩色摄影进展中的重要一步。

李普曼在物理学上造诣很深，研究的范围也很广，特别是电学、热学、光学和光电学的研究，成绩卓著，当时欧洲科学界公认他是权威。

1912 年，李普曼被选为法国科学院院长。1921 年，李普曼去加拿大和美国讲学，在国外生了病，返回途中于 7 月 13 日逝世。

拉 曼

拉曼（1888～1970 年），因光散射方面的研究工作和拉曼效应的发现，获得了 1930 年度的诺贝尔物理学奖。

拉曼是印度人，是第一位获得诺贝尔物理学奖的亚洲科学家。拉曼还是

拉 曼

一位教育家，他从事研究生的培养工作，并将其中很多优秀人才输送到印度的许多重要岗位。

拉曼 1888 年 11 月 7 日出生于印度南部的特里奇诺波利。父亲是一位大学数学、物理教授，自幼对他进行科学启蒙教育，培养他对音乐和乐器的爱好。

拉曼天资出众，16 岁大学毕业，以第一名获物理学金奖。19 岁又以优异成绩获硕士学位。1906 年，他仅 18 岁，就在英国著名科学杂志《自然》发表了论文，是关于光的衍射效应的。由于生病，拉曼失去了去英国某个著名大学作博士论文的机会。独立前的印度，如果没有取得英国的博士学位，就没有资格在科学文化界任职。但会计行业是惟一的例外，不需先到英国受训。于是拉曼就投考财政部以谋求职业，结果获得第一名，被授予总会计助理的职务。

拉曼在财政部工作很出色，担负的责任也越来越重，但他并不想沉浸在官场之中。他念念不忘自己的科学目标，把业余时间全部用于继续研究声学和乐器理论。加尔各答有一所学术机构，叫印度科学教育协会，里面有实验室，拉曼就在这里开展他的声学和光学研究。经过 10 年的努力，拉曼在没有高级科研人员指导的条件下，靠自己的努力作出了一系列成果，也发表了许多论文。

1917 年，加尔各答大学破例邀请他担任物理学教授，使他从此能专心致力于科学研究。他在加尔各答大学任教 16 年期间，仍在印度科学教育协会进行实验，不断有学生、教师和访问学者到这里来向他学习、与他合作，逐渐形成了以他为核心的学术团体。许多人在他的榜样和成就的激励下，走上了科学研究的道路。其中有著名的物理学家沙哈和玻色。这时，加尔各答正在形成印度的科学研究中心，加尔各答大学和拉曼小组在这里面成了众望所归的核心。1921 年，由拉曼代表加尔各答大学去英国讲学，说明了他们的成果已经得到了国际上的认同。

1934 年，拉曼和其他学者一起创建了印度科学院，并亲任院长。1947 年，又创建拉曼研究所。他在发展印度的科学事业上立下了丰功伟绩。拉曼抓住分子散射这一课题是很有眼力的。在他持续多年的努力中，显然贯穿着一个思想，这就是：针对理论的薄弱环节，坚持不懈地进行基础研究。拉曼很重视发掘人才，从印度科学教育协会到拉曼研究所，在他的周围总是不断涌现着一批批富有才华的学生和合作者。就以光散射这一课题统计，在 30 年中间，前后就有 66 名学者从他的实验室发表了 377 篇论文。他对学生淳淳善诱，深受学生敬仰和爱戴。拉曼爱好音乐，也很爱鲜花异石。他研究金刚石的结构，耗去了他所得奖金的大部分。晚年致力于对花卉进行光谱分析。在他 80 寿辰时，出版了他的专集：《视觉生理学》。拉曼喜爱玫瑰胜于一切，他拥有一座玫瑰花园。拉曼 1970 年逝世，享年 82 岁，按照他生前的意愿火葬于他的花园里。

在 X 射线的康普顿效应发现以后，海森堡曾于 1925 年预言：可见光也会有类似的效应。1928 年，拉曼在《一种新的辐射》一文中指出：当单色光定向地通过透明物质时，会有一些光受到散射。散射光的光谱，除了含有原来波长的一些光以外，还含有一些弱的光，其波长与原来光的波长相差一个恒定的数量。这种单色光被介质分子散射后频率发生改变的现象，称为并合散射效应，又称为拉曼效应。这一发现，很快就得到了公认。英国皇家学会正式称之为"20 年代实验物理学中最卓越的三四个发现之一"。

拉曼效应为光的量子理论提供了新的证据。后人研究表明，拉曼效应对于研究分子结构和进行化学分析都是非常重要的。

在光的散射现象中有一特殊效应，和 X 射线散射的康普顿效应类似，光的频率在散射后会发生变化。频率的变化决定于散射物质的特性。这就是拉曼效应，是拉曼在研究光的散射过程中于 1928 年发现的。在拉曼和他的合作

者宣布发现这一效应之后几个月，前苏联的兰兹伯格和曼德尔斯坦也独立地发现了这一效应，他们称之为联合散射。拉曼光谱是入射光子和分子相碰撞时，分子的振动能量或转动能量和光子能量叠加的结果，利用拉曼光谱可以把处于红外区的分子能谱转移到可见光区来观测。因此拉曼光谱作为红外光谱的补充，是研究分子结构的有力武器。